프레스 금형설계

실무 기초

조민진 저

복두책

Prologue

본 교재는 6대 뿌리산업 중 핵심기술인 프레스 금형에 대한 설계방법을 UG NX 12.0 3D CAD를 활용하여 실무중심으로 기초 부분부터 단계적 따라하기 방식으로 내용을 구성하였다.

본 교재의 주요 내용과 특징은 다음과 같다.

1장 작업 환경 설정

UG NX 12.0 3D CAD 프로그램을 활용, 3D 형상 모델링 작업을 위한 몇 가지 주요 환경설정에 대해 정리하였으며, UG NX를 처음 접하는 초보자도 알기 쉽도록 단계별로 그림을 추가하여 설명하였다.

2장 판금 부품 설계

UG NX 12.0 3D CAD 프로그램을 활용, 두께가 균일한 철이나 비철 재료의 판재를 사용하는 판금(프레스) 부품을 기초부터 응용까지 부품형상을 단계별 따라하기 방식으로 설계방법을 실무 중심으로 익힐 수 있도록 구성하였으며, 연습도면을 통해 학습자 스스로 판금 부품을 설계할 수 있도록 하였다.

3장 프레스 금형 설계

UG NX 12.0 3D CAD 프로그램을 활용, 2장의 판금 부품에 대한 설계 개념을 바탕으로 3장에서는 평면에 버링 형상이 있는 부품도면을 기준으로 산업 현장에서 주로 사용하는 프로그레시브 금형설계를 실무 중심으로 버링 형상 전개를 통한 목적치수 확정부터 스트립 레이아웃 작성, 버링 펀치 및 다이, 버링 도피구 설계까지, 실제로 설계를 어떻게 하는지 따라하기 방식으로 기술하여 학습자가 피어싱, 버링, 블랭킹 공정 등 기본적인 설계방법을 익힐 수 있도록 구성하였다.

끝으로 본 교재의 출판을 위해 편집과 교정 작업에 노력해주신 복두출판사 대표님과 관계자 여러분께 깊은 감사를 드립니다.

2025년 3월

본 교재에 수록된 3D 이미지들은
복두출판사 홈페이지(www.bogdoo.co.kr) 자료실에서
다운로드 할 수 있습니다.

CONTENTS

CHAPTER 1

작업 환경 설정

UG NX 12.0 3D CAD

UG NX 12.0
3D CAD

1.1 NX 12.0 시작하기

1) 바탕화면에 있는 NX 12.0 아이콘을 더블 클릭해서 실행시킨다.

※ 시작 프로그램에서 NX 12.0을 실행할 수 있다.

2) NX 12.0이 실행된 모습

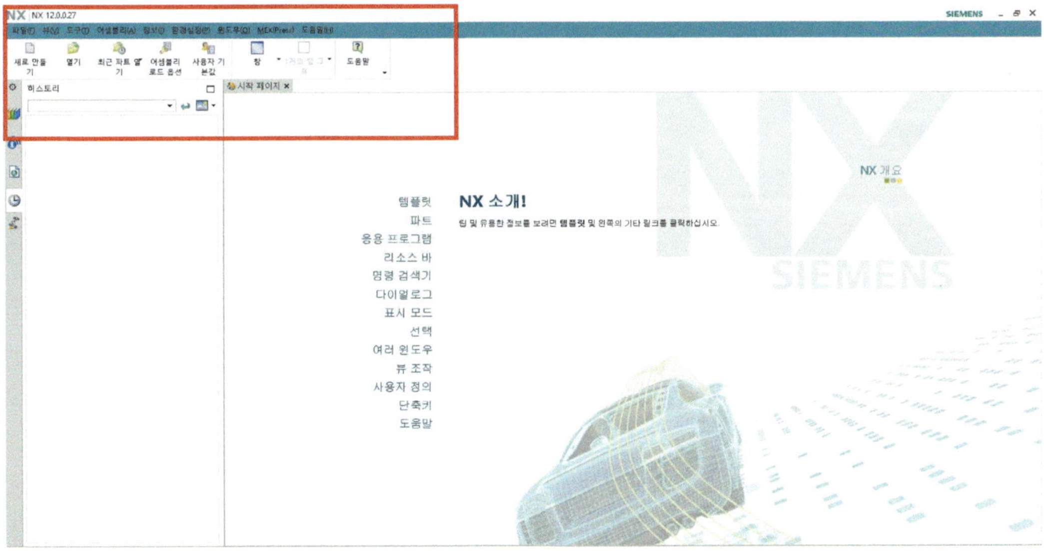

3) 새로운 파일을 생성하기 위해 '새로 만들기' 아이콘을 클릭한다.

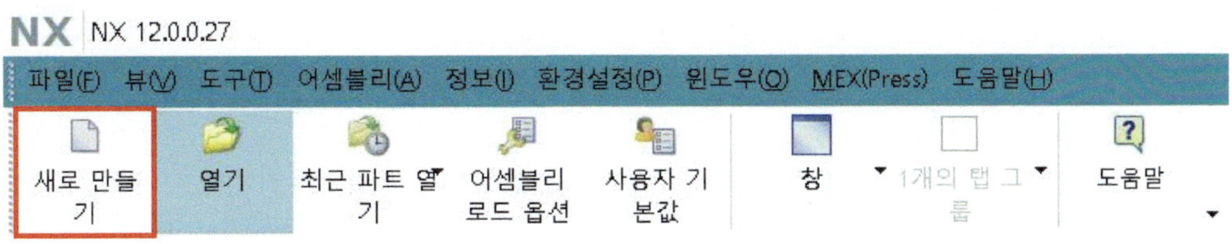

4) 아래 탭 중에서 '모델' 탭을 선택한 다음, 단위가 '밀리미터'로 되어있는지 확인한 후 새로 생성될 파일 이름과 저장될 경로를 선택하고 '확인' 클릭한다.

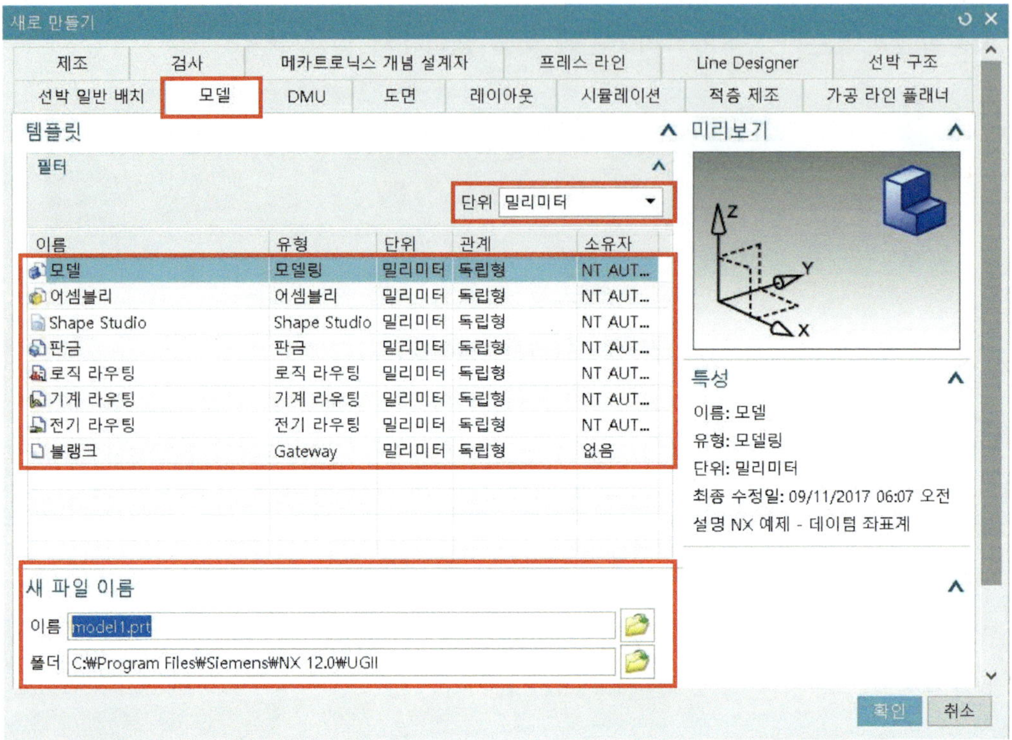

※ 템플릿에서 작업하고자 하는 모드를 선택한다.
(기본은 모델로 설정되어 있음)

※ 새 파일은 C 또는 D 드라이브에 폴더를 새로 생성해서 사용하길 권장한다.

※ NX 10.0 이전 버전에서는 한글 및 특수문자를 인식하지 않아서 파일이 저장되는 폴더나 파일의 이름을 반드시 영문과 숫자로만 만들어야 하는 문제점이 있었으나, NX 10.0 버전부터는 한글 및 특수문자를 인식하므로 파일이 저장되는 폴더나 파일 이름을 한글, 영문, 숫자, 특수문자 등을 포함해서 만들 수 있다.

5) 자주 사용하는 탭에 대해 간략히 설명한다.

① 모델 탭

3D Modeling File을 생성할 때 사용하며, 그림과 같이 Model, Assembly, Shape Studio, NX Sheet Metal 등의 작업을 할 수 있다.

② 도면 탭

사용자가 정의한 Templates를 사용하여 2D Drawing 작업을 할 때 사용된다.

③ 제조 탭

CNC밀링, CNC선반가공에 필요한 가공 툴패스를 생성하고 검증하기 위해 사용한다.

④ 검사 탭

실제 제품에 대한 모델링 파일을 기준으로 측정기를 이용하여 모델링한 데이터와 실제 제작된 제품을 측정기를 이용하여 측정 검사프로그램 데이터를 생성하기 위한 환경을 정의한다.

⑤ 시뮬레이션 탭

NX Nastran, MSC Nastran, LS-Dyna 등의 다양한 솔버를 이용한 해석이 가능하며, NX Nastran을 기본 솔버로 사용하고 있다.

⑥ 메카트로닉스 컨셉 디자이너 탭

기계 시스템의 복잡한 움직임을 구현하고 액츄에이터의 움직임에 대한 신호를 생성하는데 사용하는 응용 프로그램이다.

⑦ 선박 일반 배치 탭

선박 설계를 위한 Application으로, 선박 설계의 서로 다른 단계를 각각 지원하는 3개의 Application으로 구성되어 있다.

⑧ 선 Designer 탭

제품 생산 라인의 도면을 설계하고 시각화하는 데 사용된다.

1.2 NX 12.0 화면 구성 및 주요 환경 설정

1) 주요 화면 구성에 대해 설명한다.

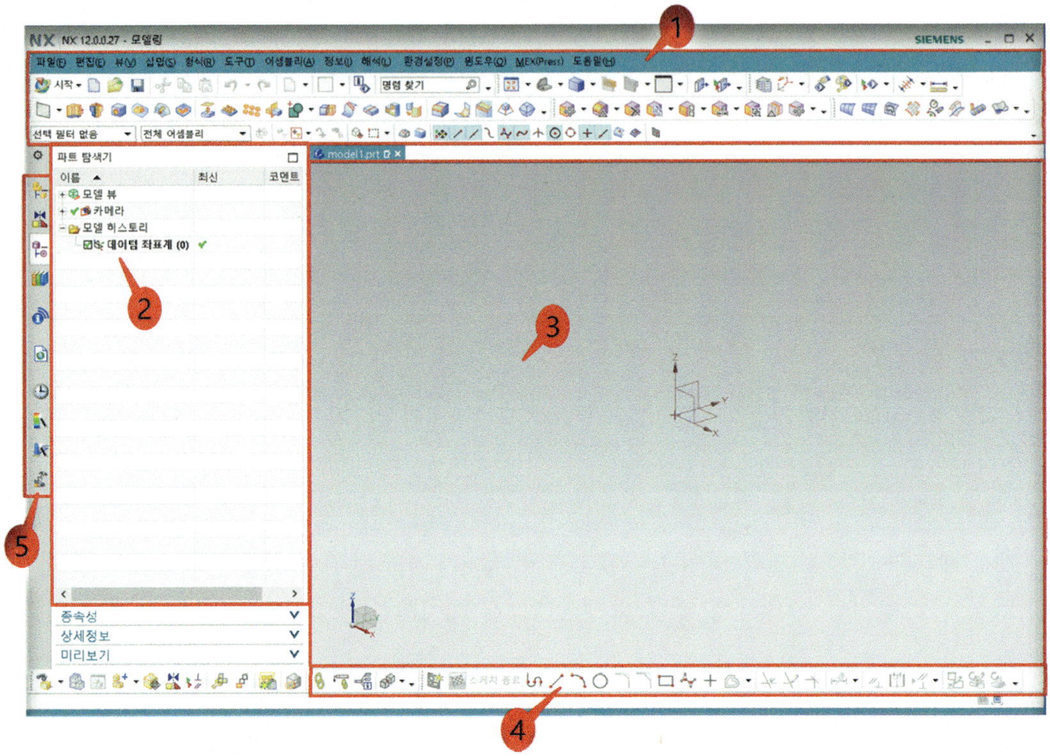

① 클래식 메뉴 : 자주 사용하는 명령어를 한 곳에 집결시켜, 작업성과 편리성 증대

사용자 인터페이스 환경에서 클래식 메뉴를 선정하여 자주 사용하는 각종 응용 프로그램을 상단에 위치시켜 모델링 작업 시 작업성을 높일 수 있다.
(세부적인 사용 방법은 따라하기 참조)

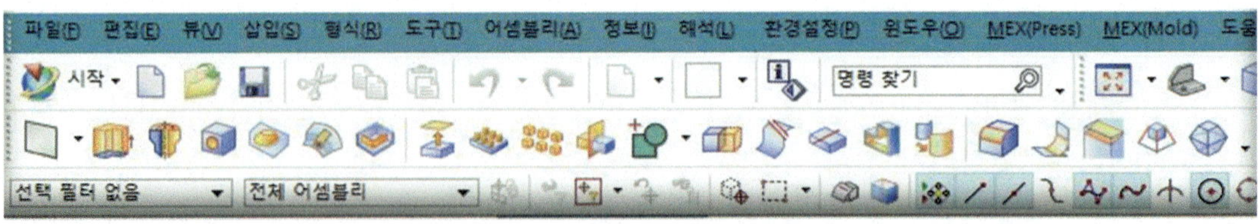

② 파트 탐색기 : 다중 선택 시 작업성과 편리성 증대

사용자가 작업한 파트 모델링, 어셈블리와 같은 정보가 순서대로 나열되어 있으며, 탐색기를 사용하여 데이터를 수정, 편집할 수 있다.

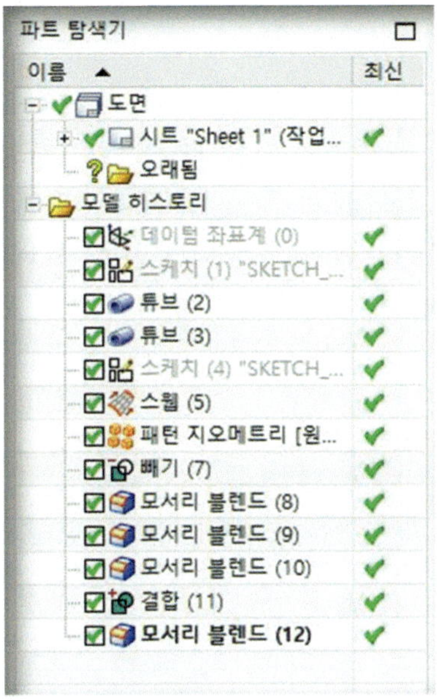

③ 작업 공간

사용자가 원하는 여러 가지 형상을 2D 스케치하고 3D 모델링하는 공간이다.

[작업 좌표계]

[Datum 좌표계]

④ 직접 스케치(툴바)

스케치 작업을 위한 선, 원, 사각형 등의 명령어와 치수 및 형상구속을 위한 명령어 등으로 구성되어 있다. (세부적인 사용방법은 따라하기 참조)

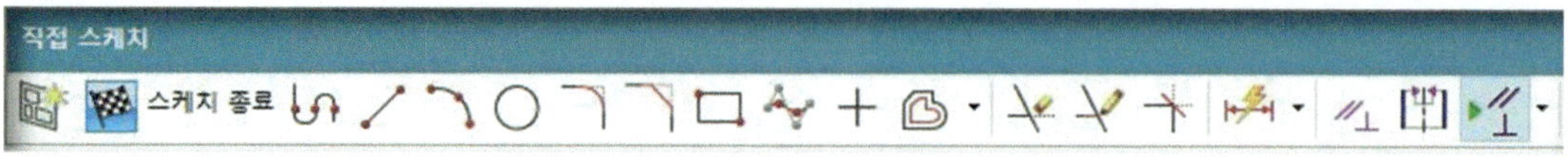

⑤ 리소스 바(Resource Bar)

	탐색기	어셈블리나 모델링에 대한 주요 정보를 표시하며, 탐색기를 이용하여 데이터의 편집, 보기, 순서 변경 등의 작업을 할 수 있다.
	HD3D 도구	HD3D 도구를 사용하여 정보를 직접 3D 모델에 대해 상호 작용한다.
	인터넷 브라우저	NX 실행 후 인터넷을 접속할 수 있다.
	팔레트	팔레트는 자주 사용하는 모델 데이터에 접근할 수 있는 방법을 제공하며, 팔레트를 이용하여 끌어다 놓거나 복사 및 붙여넣기 방법을 이용하여 팔레트와 세션 간의 오브젝트를 추가할 수 있다.

2) 마우스 사용법 익히기

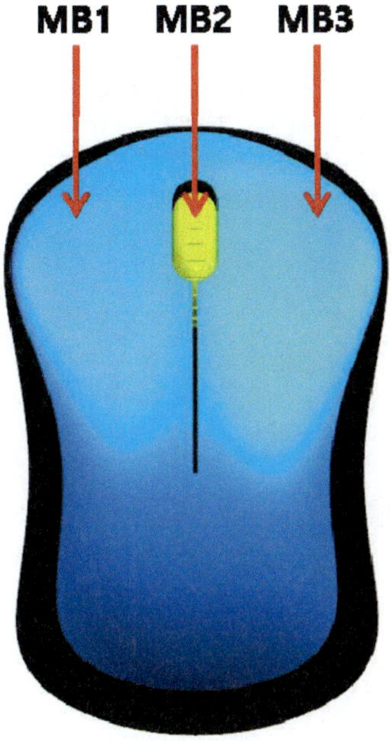

- MB1 : 객체를 선택할 때 사용한다.
- MB1 + Shift : 선택된 객체를 해제할 때 사용한다.
- MB2 : 클릭하면 OK 역할을 하며,
  길게 누른 상태에서 마우스를 움직이면 화면을 Rotate할 수 있다.
- MB2 : 휠 버튼을 앞으로 밀면 Zoom out(화면 확대) 기능을 한다.
- MB2 : 휠 버튼을 내 쪽으로 당기면 Zoom in(화면 축소) 기능을 한다.
- MB2 + MB3 : Pan 기능을 한다.
- Shift + MB2 : Pan 기능을 한다.
- MB3 : Pop up menu를 표시한다.
- MB3(길게 누를 때) : Pop up icon을 표시한다.

3) UG NX 12.0에서 클래식 메뉴 사용하기

NX 클래식 메뉴를 사용하기 위해서는 환경 변수를 추가해 주어야 한다.
내 PC(마우스 오른쪽 속성 클릭) → 고급 시스템 설정 클릭 → 환경 변수(N) → 시스템 변수 새로 만들기(W) 클릭 → 변수 이름에 UGII_DISPLAY_DEBUG를 입력하고 변수 값에 '1'(숫자) 입력한 다음, '**확인**' 클릭한다.

※ 내 PC(마우스 오른쪽 속성 클릭)

※ 고급 시스템 속성 클릭

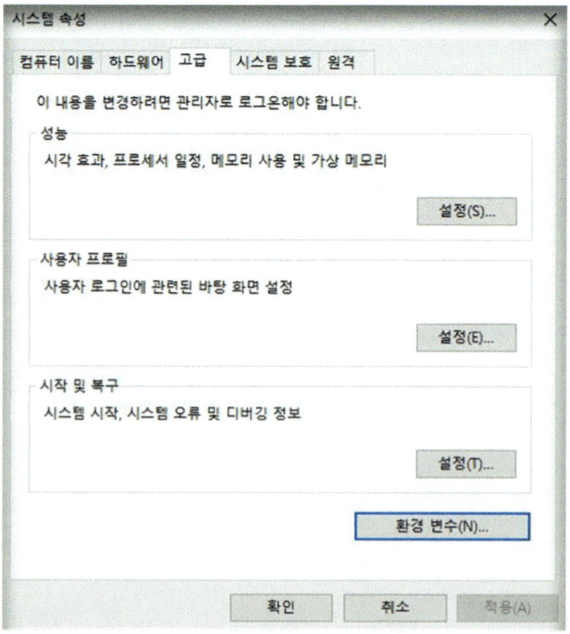

※ 환경 변수(N)

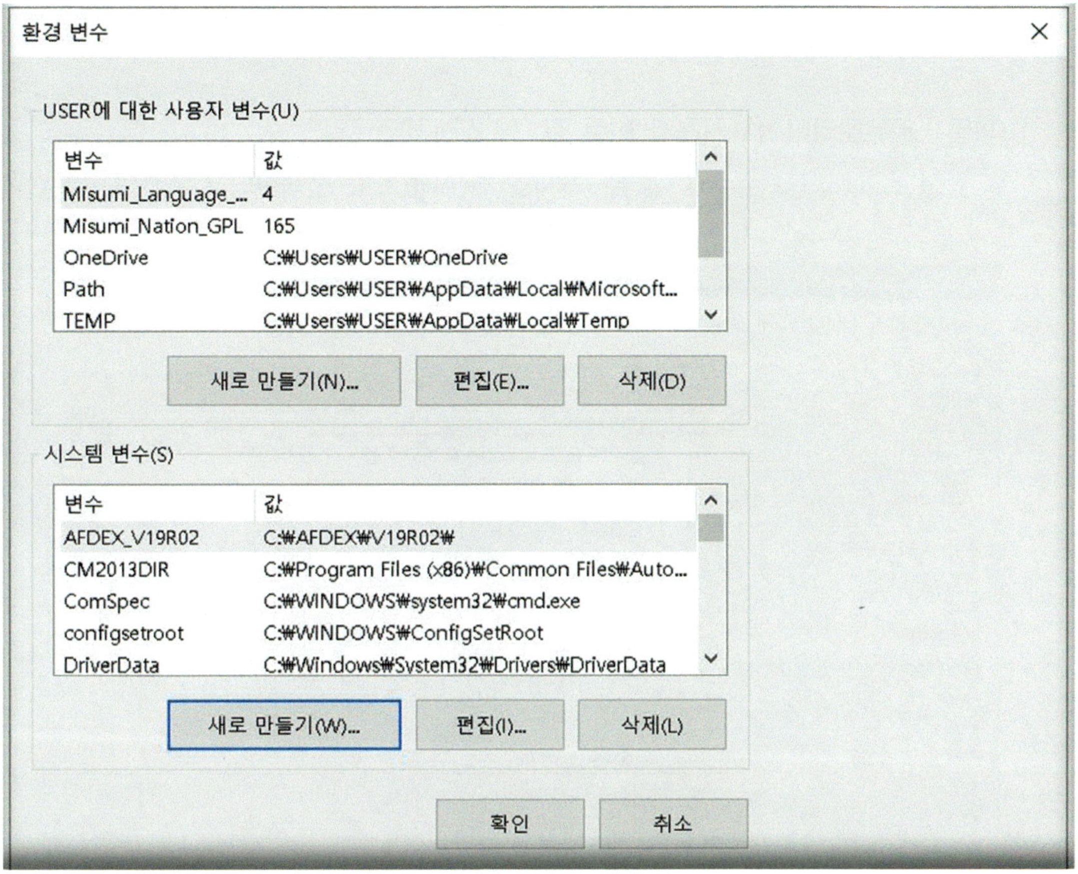

※ 시스템 변수 새로 만들기(W)

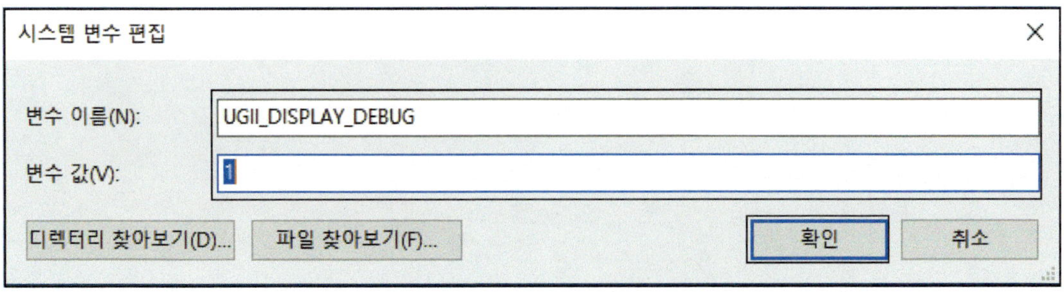

4) 스케치 환경 설정하기

스케치 작성 시 자동 치수 해제, 치수 값 표시 등 몇 가지 주요 사항을 설정한다.

① 파일 → 유틸리티 → 사용자 변수 값 → 스케치 → 일반

※ 활성 스케치의 치수 레이블 두 가지를 모두 값으로 선택한다.

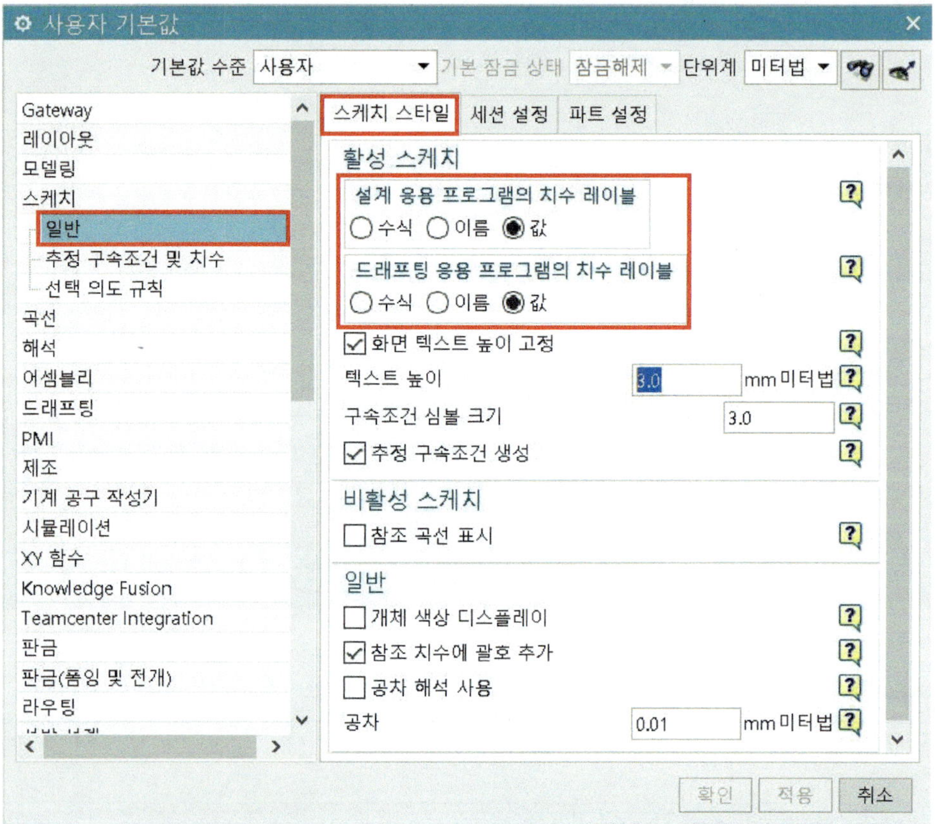

② 파일 → 유틸리티 → 사용자 변수 값 → 스케치 → 추정 구속조건 및 치수

※ 추정 구속조건 및 치수에서 두 번째 치수를 선택한 다음, 설계 응용 프로그램에서 연속 자동 치수 지정을 '**해제**'한다.

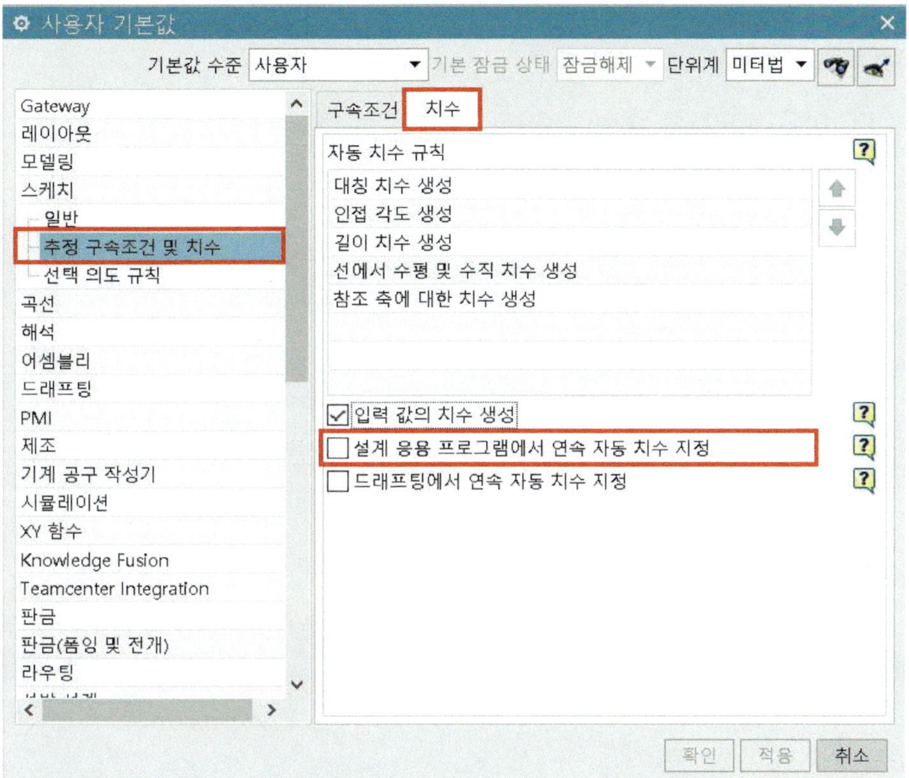

5) 사용 언어 한글로 변경하기

UG NX의 사용 언어를 영어에서 한글로 변경하기 위해서 환경 변수를 변경한다. 내 PC(마우스 오른쪽 속성 클릭) → 고급 시스템 설정 클릭 → 환경 변수(N) → 시스템 변수에서 변수 이름 UGII_LANG의 변수 값을 english에서 'korean'으로 변경 입력한 후 '확인' 클릭한다.

※ 내 PC(마우스 오른쪽 속성 클릭)

※ 고급 시스템 속성 클릭

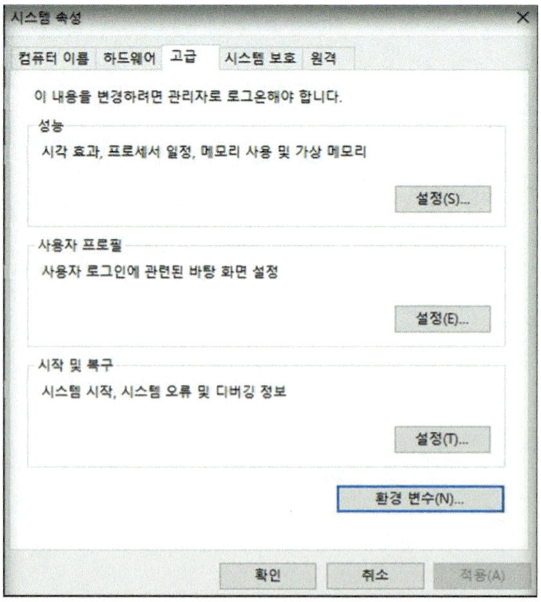

※ 환경 변수(N)

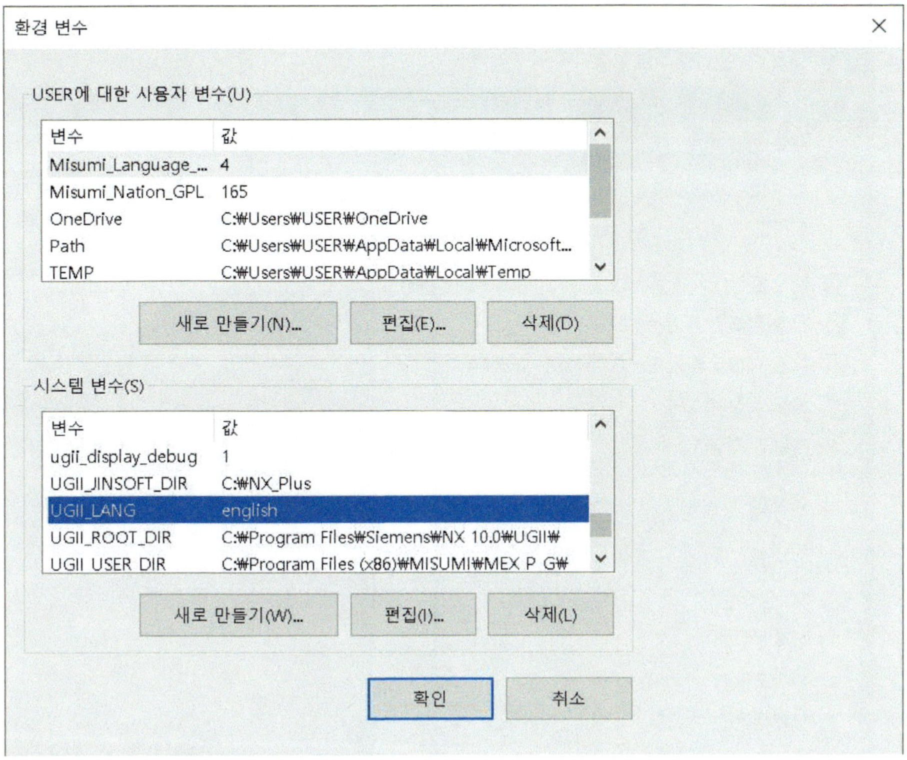

※ 시스템 변수 편집하기

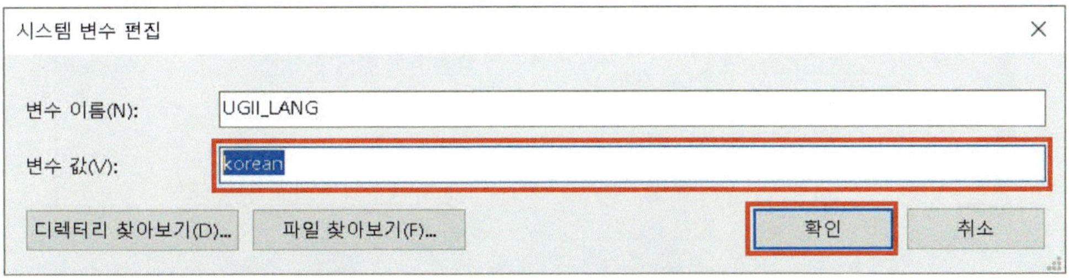

6) 지정 폴더에 파일 저장하기

NX 12.0 모델링 후 저장하면 파일은 NX 프로그램이 설치된 드라이브의 Siemens / NX 12.0 / UGII 폴더에 저장되는데, 환경 설정을 통해 사용자가 원하는 드라이브의 폴더로 바로 저장되도록 설정할 수 있다.

NX 12.0 실행 후 파일(F) → 유틸리티(U) → 사용자 기본값(D) → Gateway → 일반 → 디렉터리 → 파트 파일 디렉터리의 Windows에서 찾아보기를 클릭한 다음 원하는 드라이브의 폴더를 더블 클릭한다.

※ 파일(F) → 유틸리티(U) → 사용자 기본값(D)

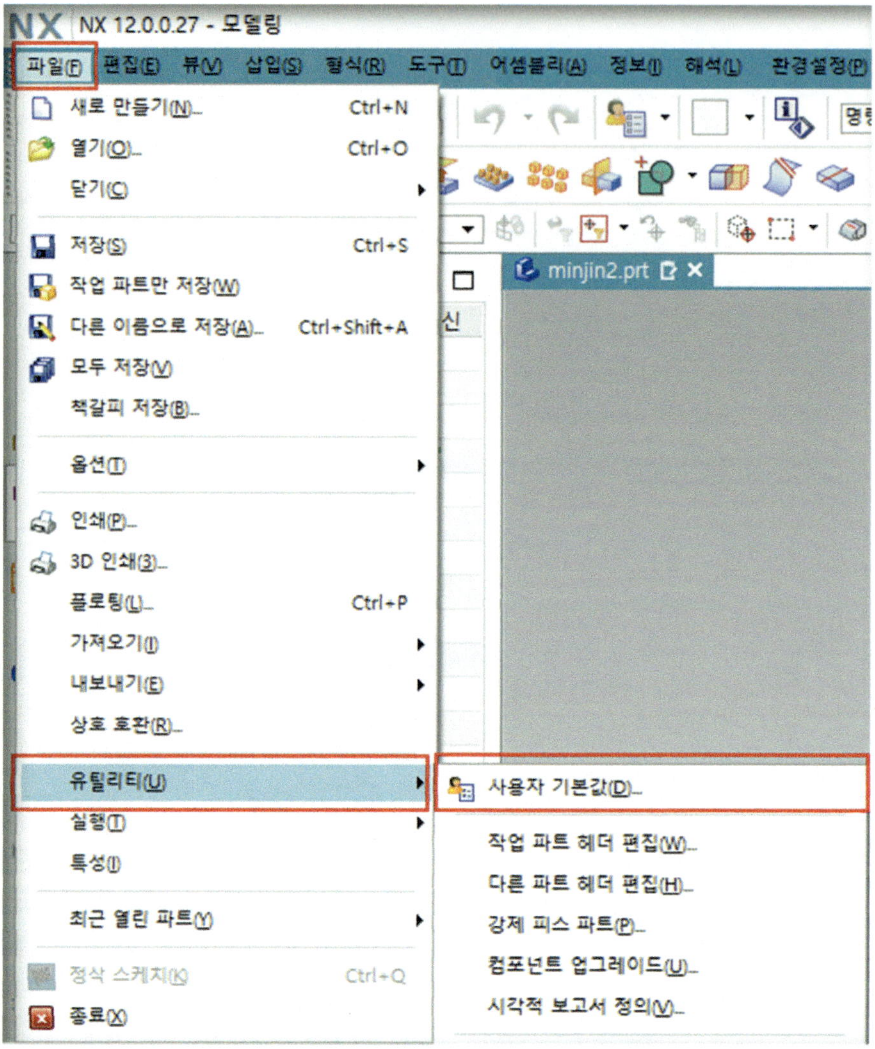

※ Gateway → 일반 → 디렉터리 → 파트 파일 디렉터리의 Windows 찾아보기를 클릭하여 사용자가 원하는 폴더를 더블 클릭한 다음, '확인' 클릭한다.

(아래와 같이 D 드라이브에 TEMP 폴더를 생성하거나 또는 원하는 명칭을 입력하여 폴더를 생성할 수 있다.)

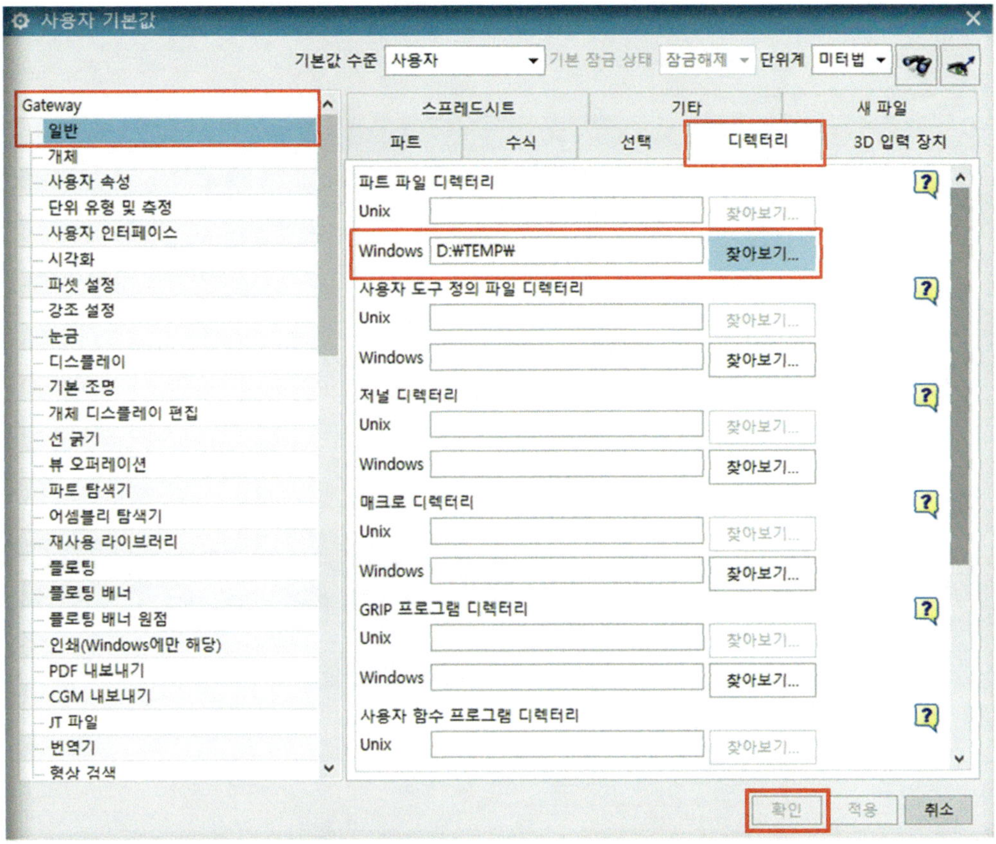

7) 사용 메뉴 변경하기(클래식 → 리본)

사용 메뉴를 리본 표시줄에서 클래식 도구 모음으로 변경하기 위해서는 UG NX 12.0을 실행한 상태에서 다음과 같은 순서로 진행한다.

NX 12.0 실행 → 상단 메인 메뉴의 환경설정(P) → 사용자 인터페이스 환경설정(I) → 사용자 인터페이스 환경 → 리본 표시줄을 선택한 다음, '**확인**' 클릭한다.

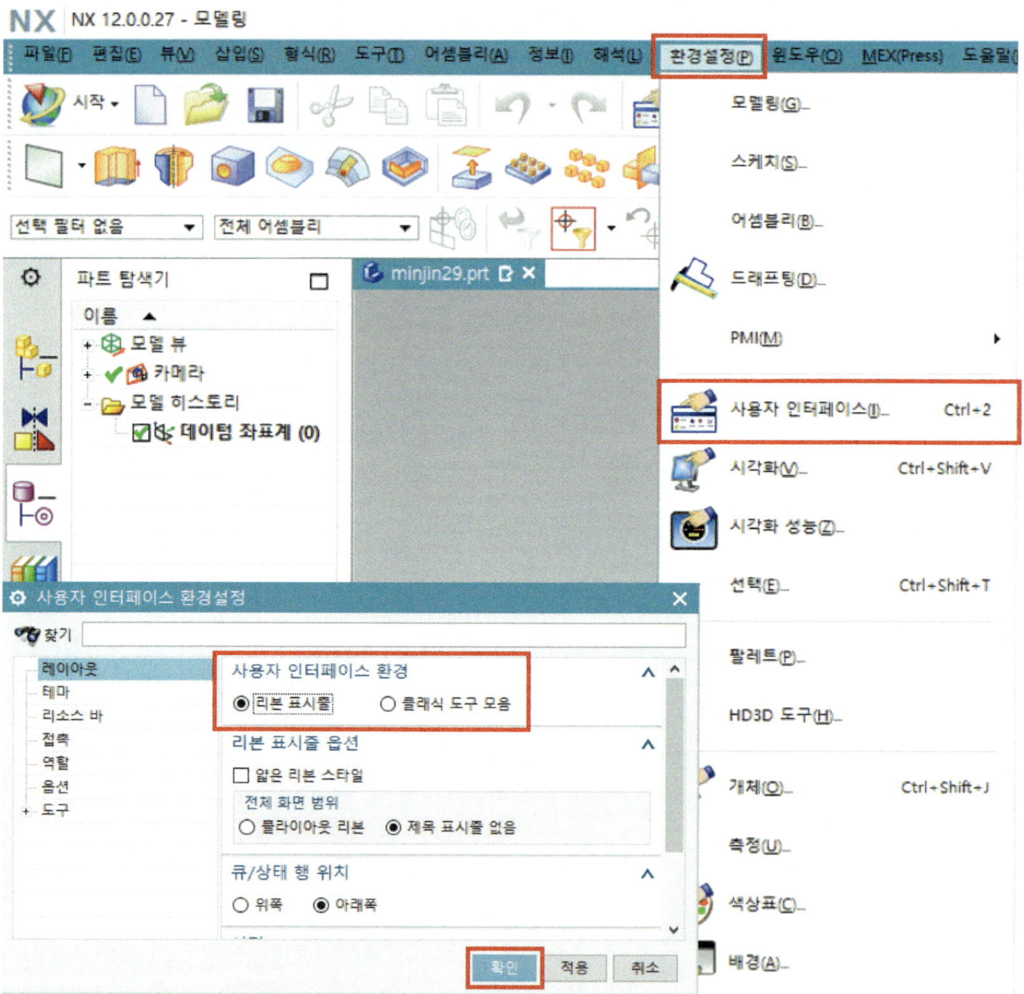

8) 사용 메뉴 변경하기(리본 → 클래식)

사용 메뉴를 클래식 도구 모음에서 리본 표시줄로 변경하기 위해서는 UG NX 12.0을 실행한 상태에서 다음과 같은 순서로 진행한다.

NX 12.0 실행 → 왼쪽 상단 메뉴(M) → 환경 설정(P) → 사용자 인터페이스 환경 설정(I) → 사용자 인터페이스 환경 → 클래식 도구 모음을 선택한 다음, '**확인**' 클릭한다.

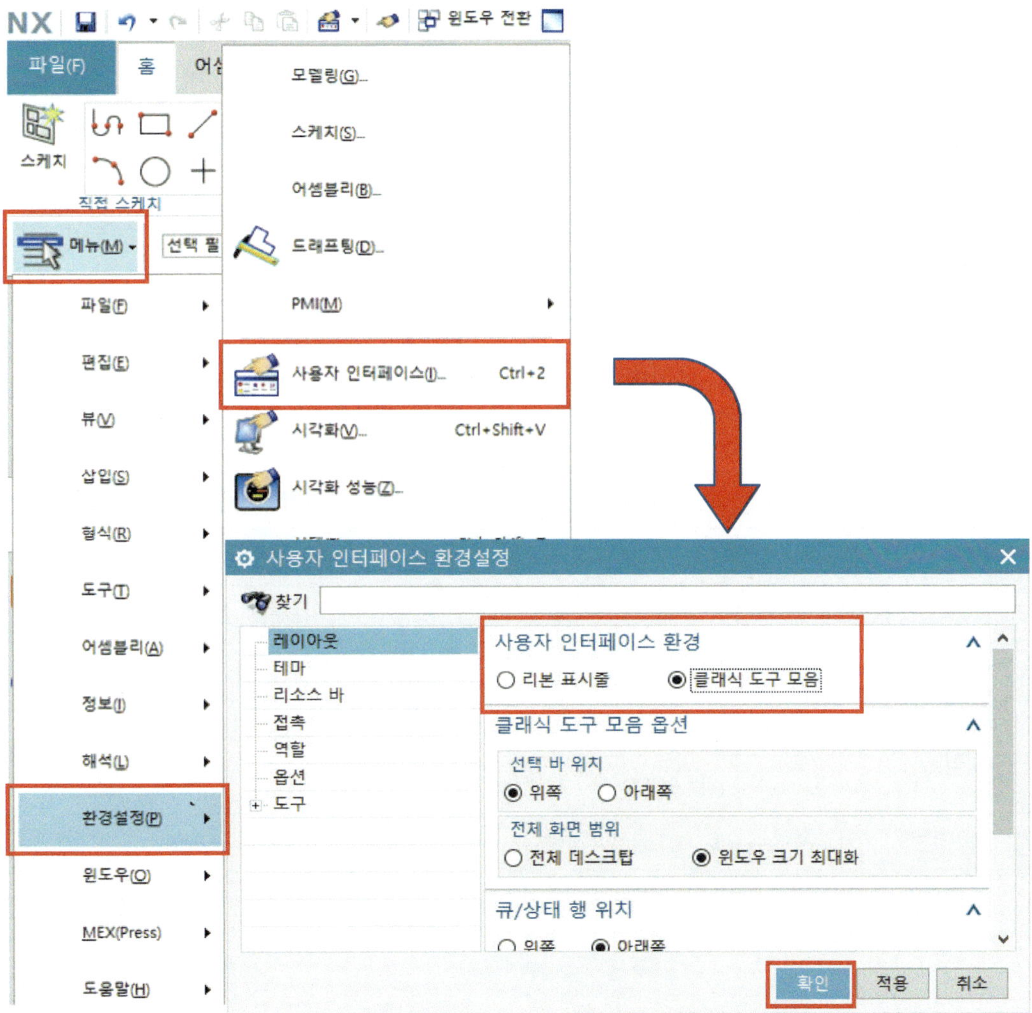

9) 자주 사용하는 단축키 익히기

메뉴 분류	단축키	설명
파일	Ctrl + N	새 파트 만들기
	Ctrl + O	기존 파트 열기
	Ctrl + S	파트 저장
편집	Ctrl + Z	실행 취소
	Ctrl + X	잘라내기
	Ctrl + C	복사
	Ctrl + A	모두 선택
	Ctrl + J	개체 디스플레이(반 투명도 및 색상 등 설정)
	Ctrl + W	표시 및 숨기기
	Ctrl + B	숨기기
	Ctrl + Shift + U	모두 표시
	Ctrl + Shift + B	표시 및 숨김 반전
뷰	Ctrl + T	개체 이동
	Ctrl + F	맞춤
	F8	스냅뷰(가장 가까운 표준 뷰 배치)
응용 프로그램 시작	Ctrl + M / (M)	모델링
	Ctrl + Shift + D	드래프팅
	Ctrl + Shift + M	판금
도움말	F1	도움말

CHAPTER 2

판금 부품 설계

UG NX 12.0 3D CAD

UG NX 12.0
3D CAD

2.1 Fixing Plate 판금 부품 형상 모델링 따라하기

■ **품명 : Fixing Plate**

* 주기

- 판금 재료는 SPCC t1.0 적용할 것.
- 도시되고 지시 없는 라운드는 R1 적용할 것.

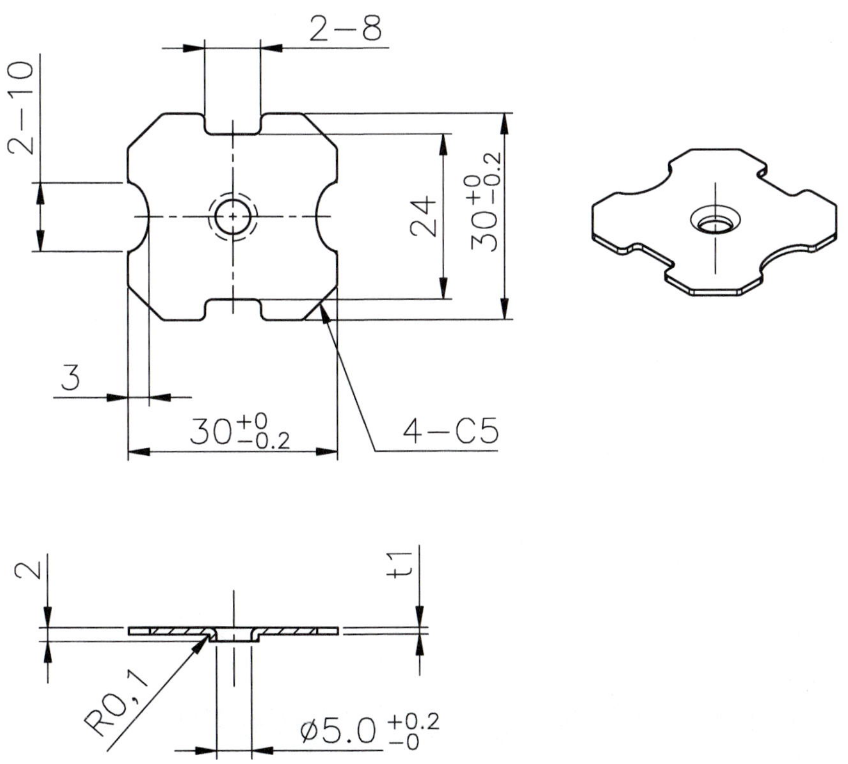

1) 바탕화면에 있는 NX 12.0 아이콘을 더블 클릭해서 실행시킨다.

※ 시작프로그램에서 NX 12.0을 실행할 수 있다.

2) NX 12.0이 실행된 모습

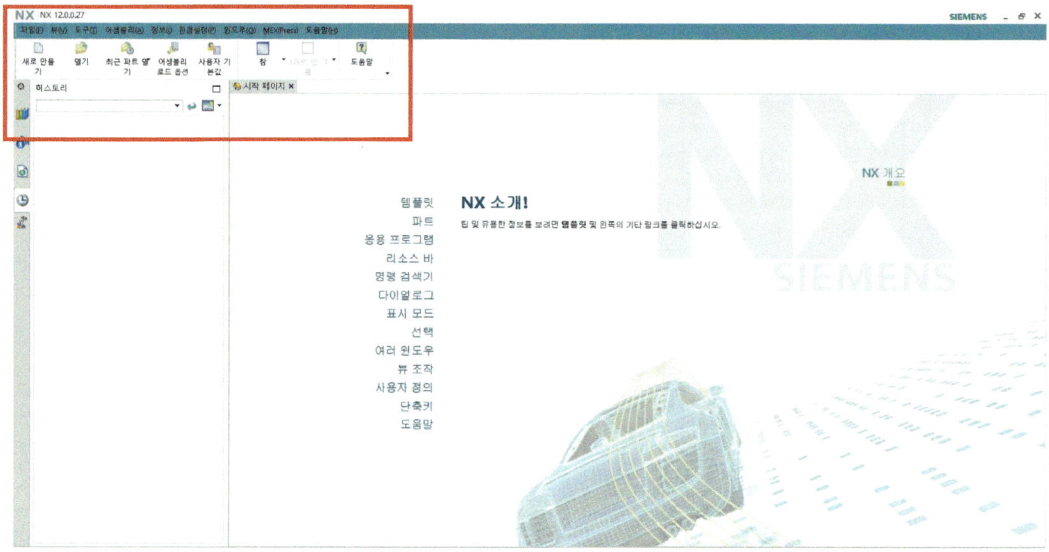

3) 새로운 파일을 생성하기 위해 '새로 만들기' 아이콘을 클릭한다.

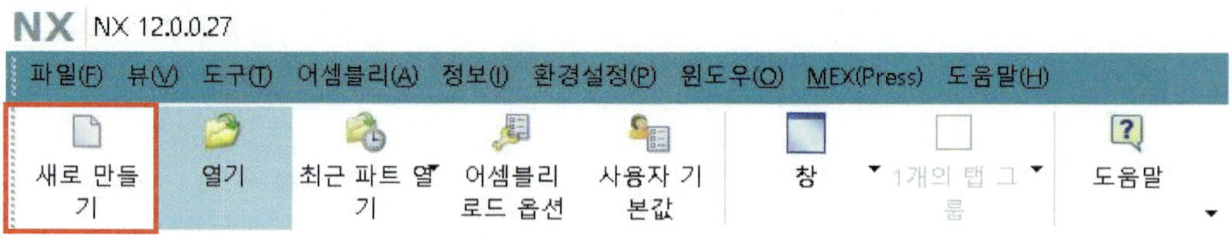

4) 새로 만들기 모델 탭에서 '판금' 선택한 후 생성될 파일 이름과 저장될 경로를 확인한 다음, '확인' 클릭한다.

※ 단위가 밀리미터로 되어있는지 확인한다.

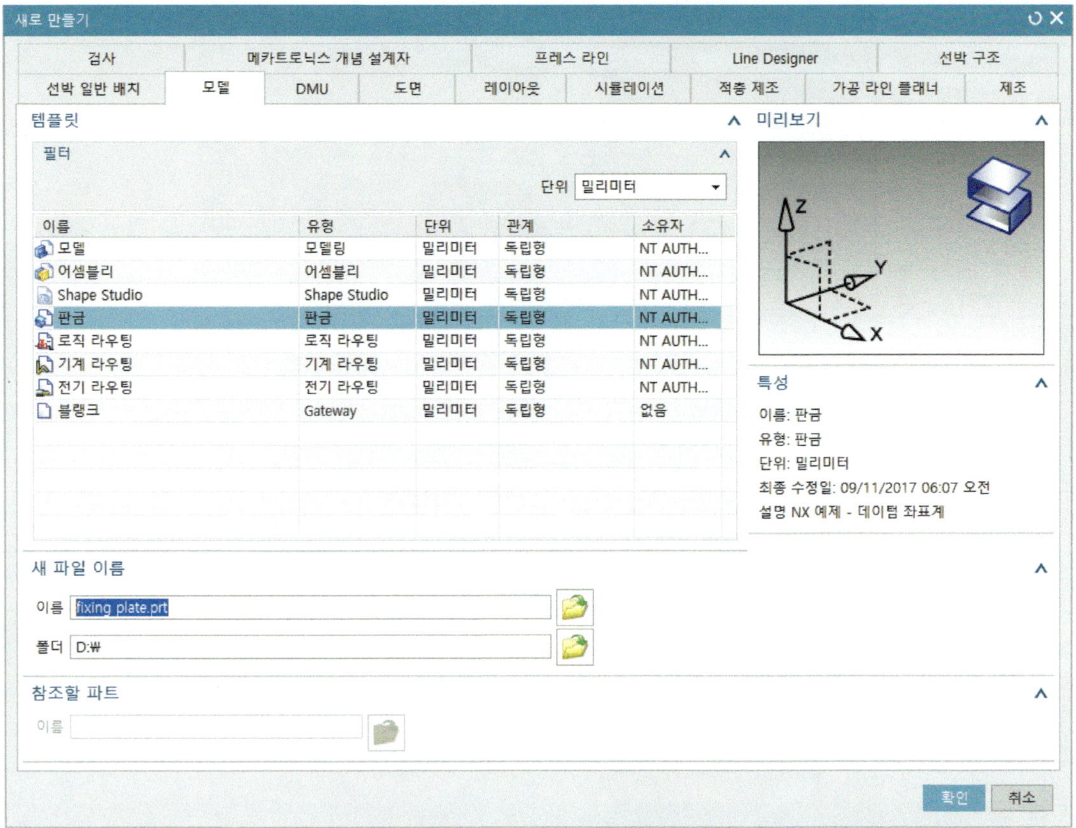

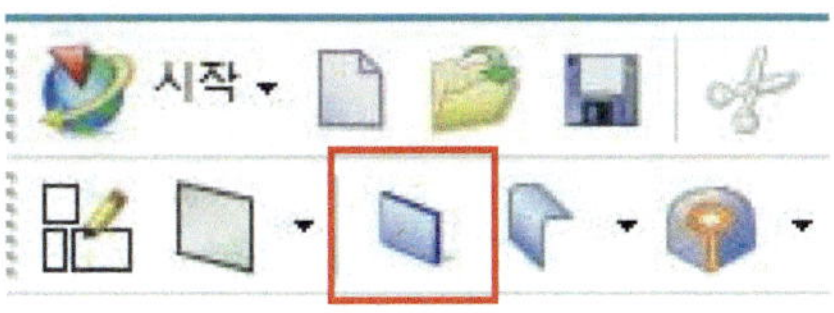

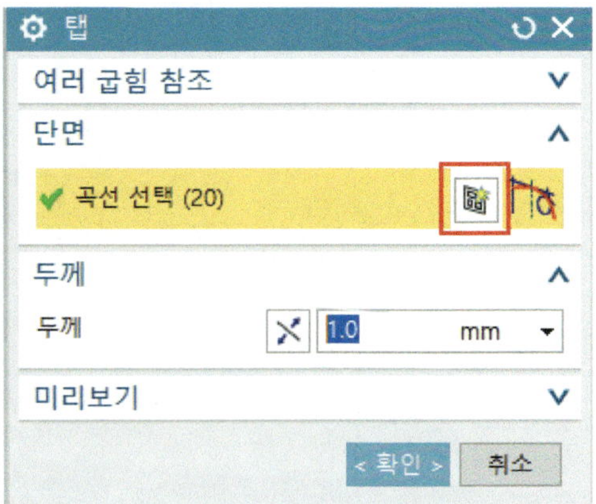

5) 기본 BASE 형상을 만들기 위해 상단에 위치한 클래식 메뉴의 '탭' 아이콘을 선택한다.

6) 두께 값 '1' 입력한 후 스케치 아이콘을 클릭하면 X-Y 평면을 자동으로 설정할 수 있다.

7) 직접스케치 도구바의 선, 타원, 직사각형, 급속치수, 지오메트리 구속조건 등을 이용하여 아래와 같이 스케치한 다음, '스케치 종료' 클릭한다.

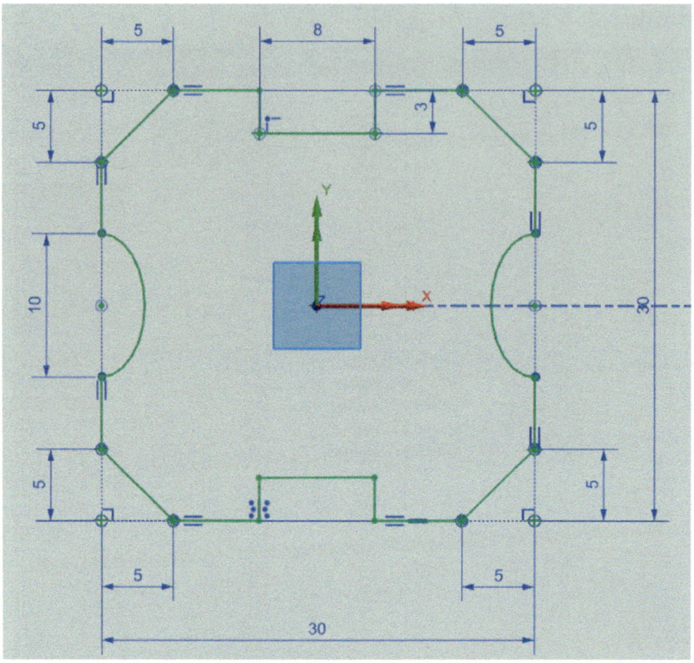

8) '방향 반전' 아이콘을 클릭하여 돌출방향을 하면(아랫면)으로 변경한 다음, '확인' 클릭한다.

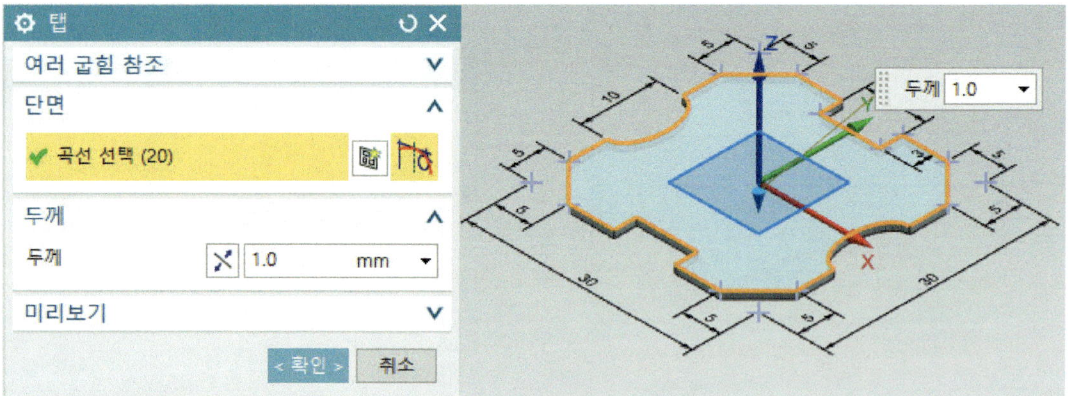

9) 보이는 화면을 등각 투상도로 전환한다. (단축키 → Home)

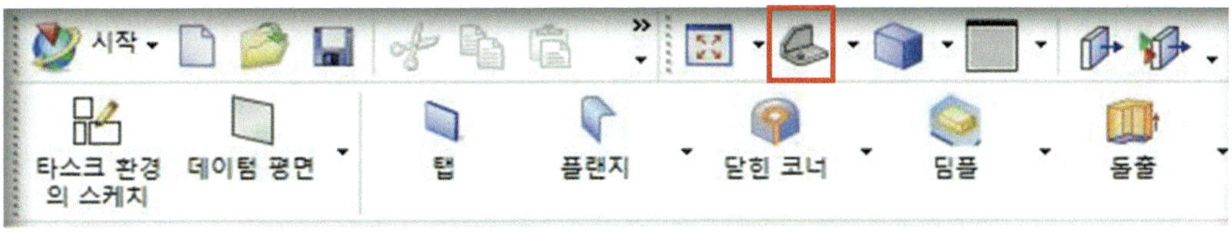

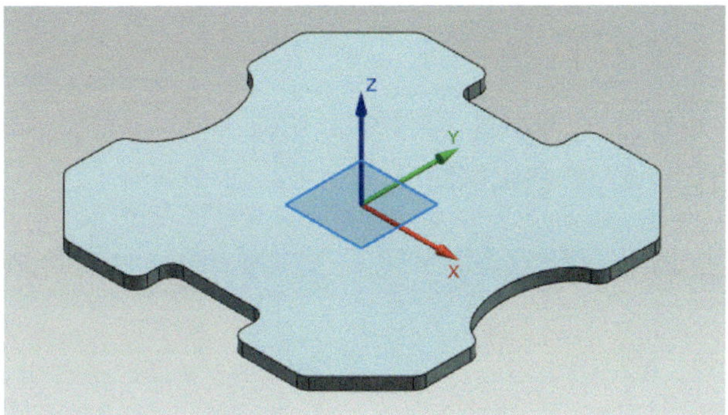

10) 모서리에 라운드 형상을 만들기 위해 '분할 코너' 아이콘을 클릭한다.

※ 아이콘이 보이지 않을 경우 닫힌 코너 아이콘 옆의 역삼각형을 클릭한다.

11) 분할 특성 그룹의 반경 란에 '1' 입력한 다음, 형상 모델링의 윗면을 선택하고, '확인' 클릭한다.

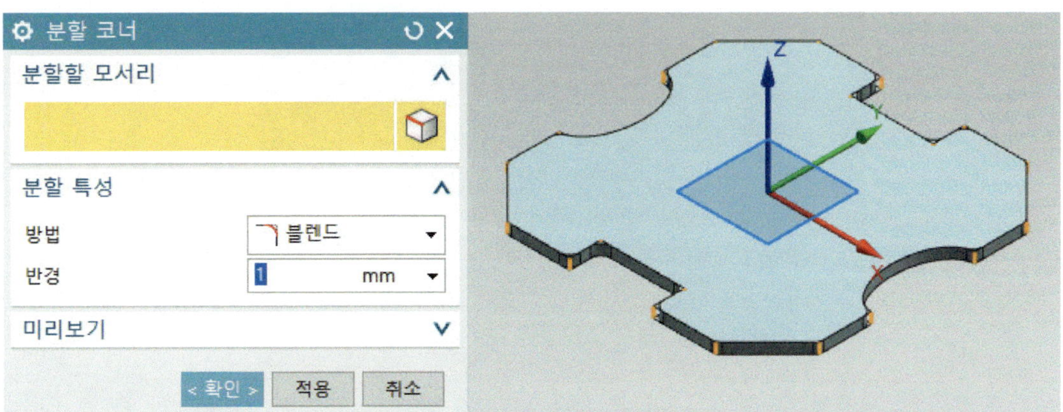

12) 버링 형상을 만들기 위해 '라이트닝 컷아웃' 아이콘을 클릭한다.

※ 아이콘이 보이지 않을 경우, 고급 플렌지 아이콘 옆의 역삼각형을 클릭한다.

13) 형상 모델링에 필요한 스케치를 작성하기 위해 위치 그룹의 곡선 선택에서 스케치 아이콘을 클릭한 다음, '확인' 클릭한다.

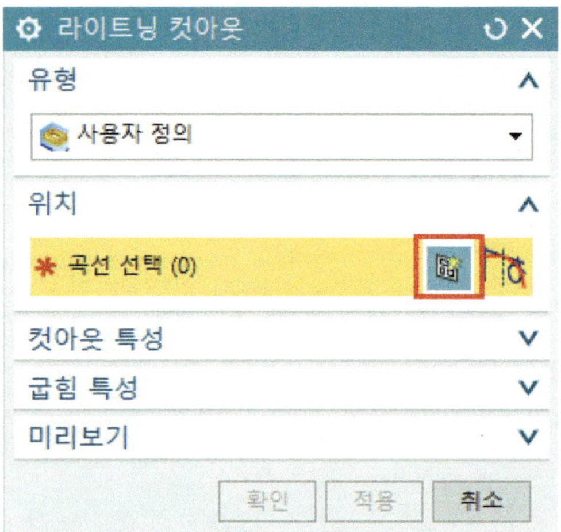

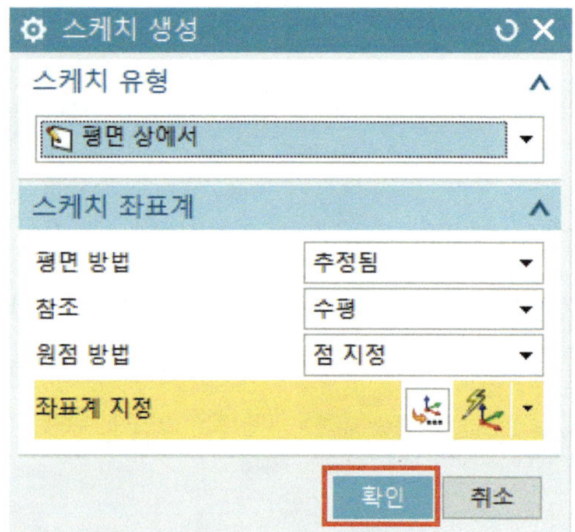

14) 직접스케치 도구바의 원, 급속 치수를 이용하여 아래와 같이 스케치한 다음, '스케치 종료' 클릭한다.

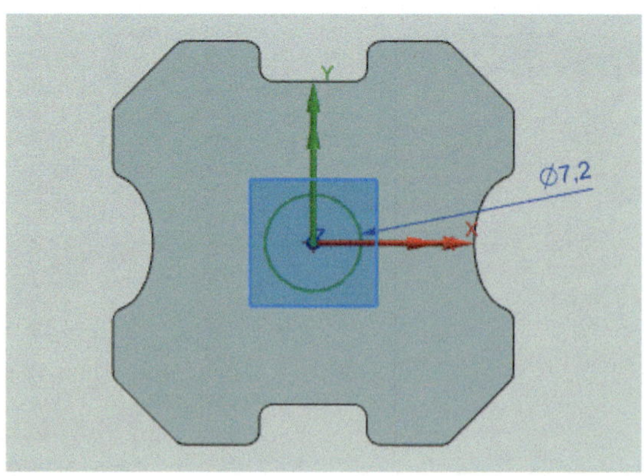

15) 컷 아웃 특성 그룹에서 길이 '2', 각도 '90', 다이 반경 '0.1' 입력하고, '확인' 클릭한다.

※ 중립 계수 등 나머지 값은 그대로 적용한다.

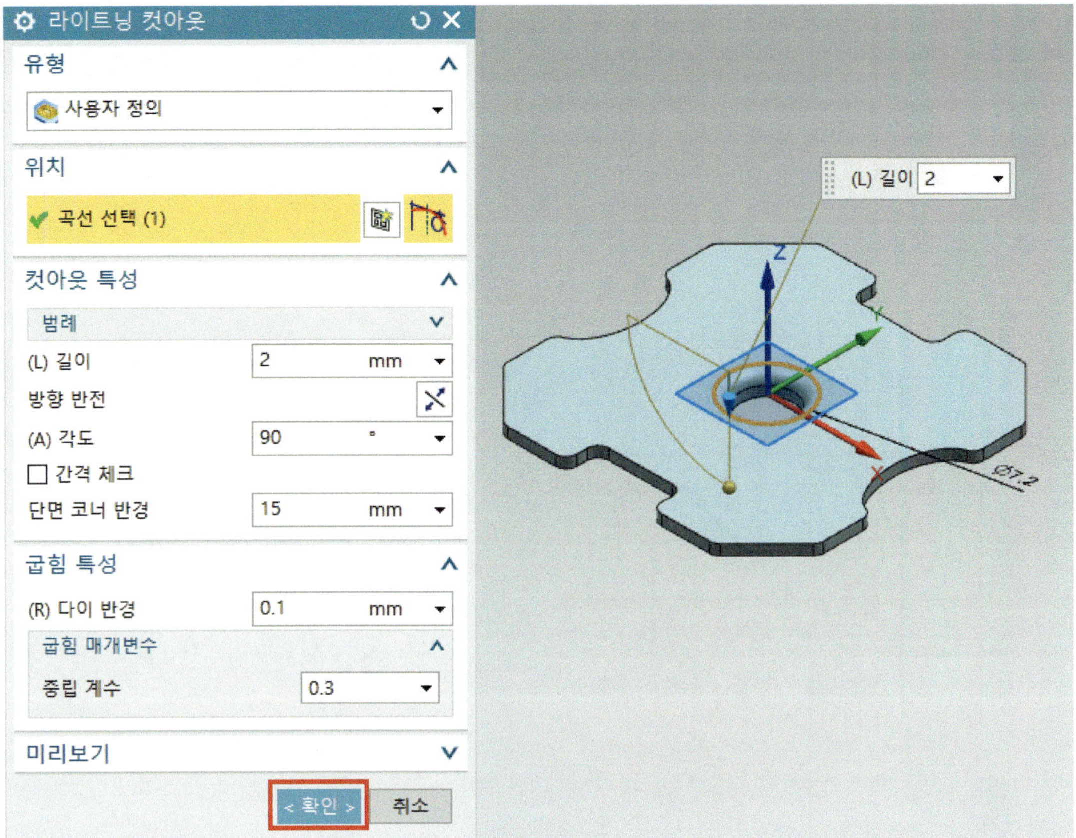

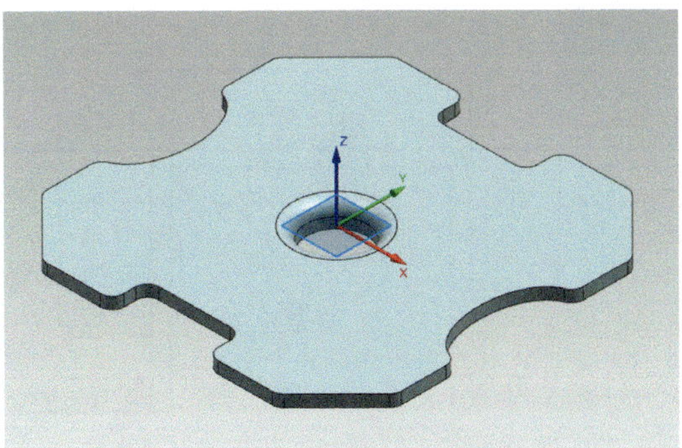

윗면

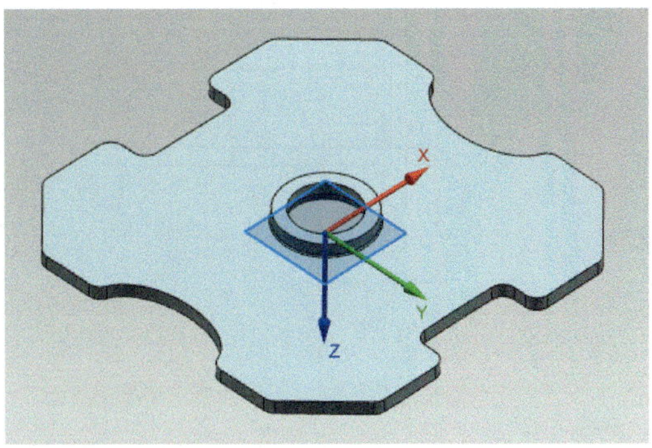

아랫면

2.2 Bracket 판금 부품 형상 모델링 따라하기

■ **품명:** Bracket

* 주기

- 원재료는 SPCC t2.0 적용할 것.
- 도시되고 지시 없는 라운드는 R0.3 적용할 것.

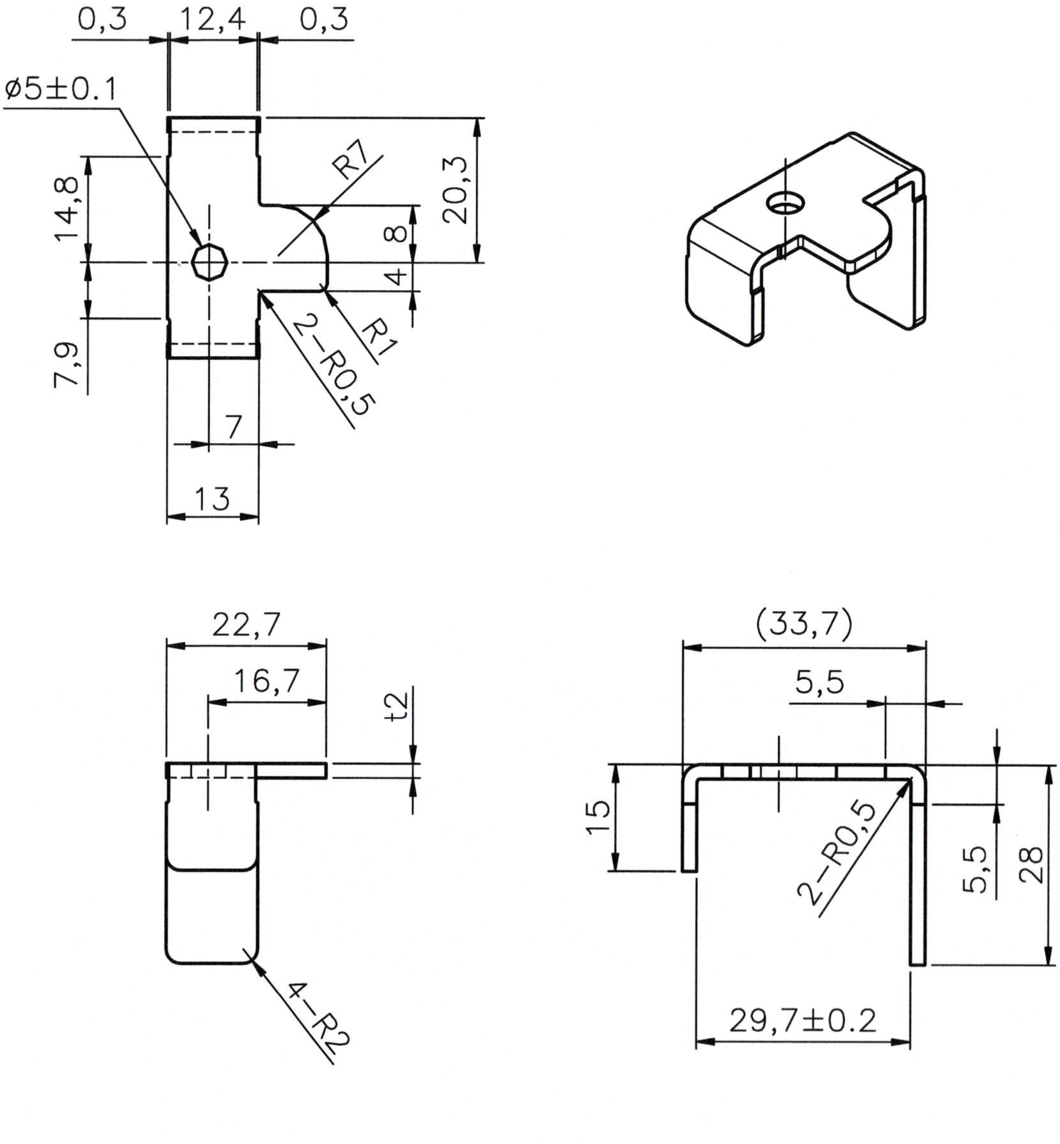

1) 바탕화면에 있는 NX 12.0 아이콘을 더블 클릭해서 실행시킨다.

※ 시작프로그램에서 NX 12.0을 실행할 수 있다.

2) NX 12.0이 실행된 모습

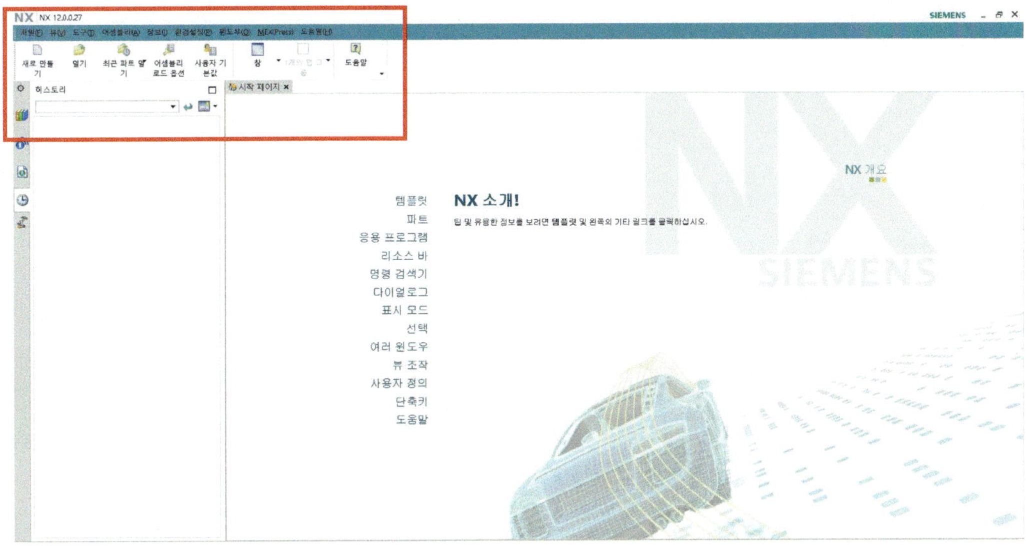

3) 새로운 파일을 생성하기 위해 '새로 만들기' 아이콘을 클릭한다.

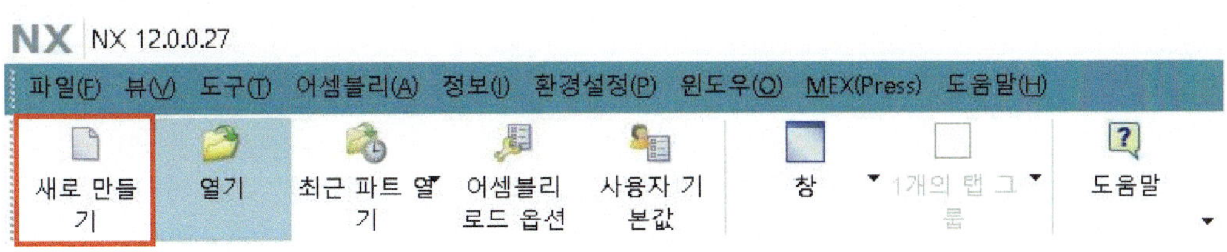

4) 새로 만들기 모델 탭에서 '판금' 선택한 다음, 생성될 파일 이름과 저장될 경로를 확인하고, '확인' 클릭한다.

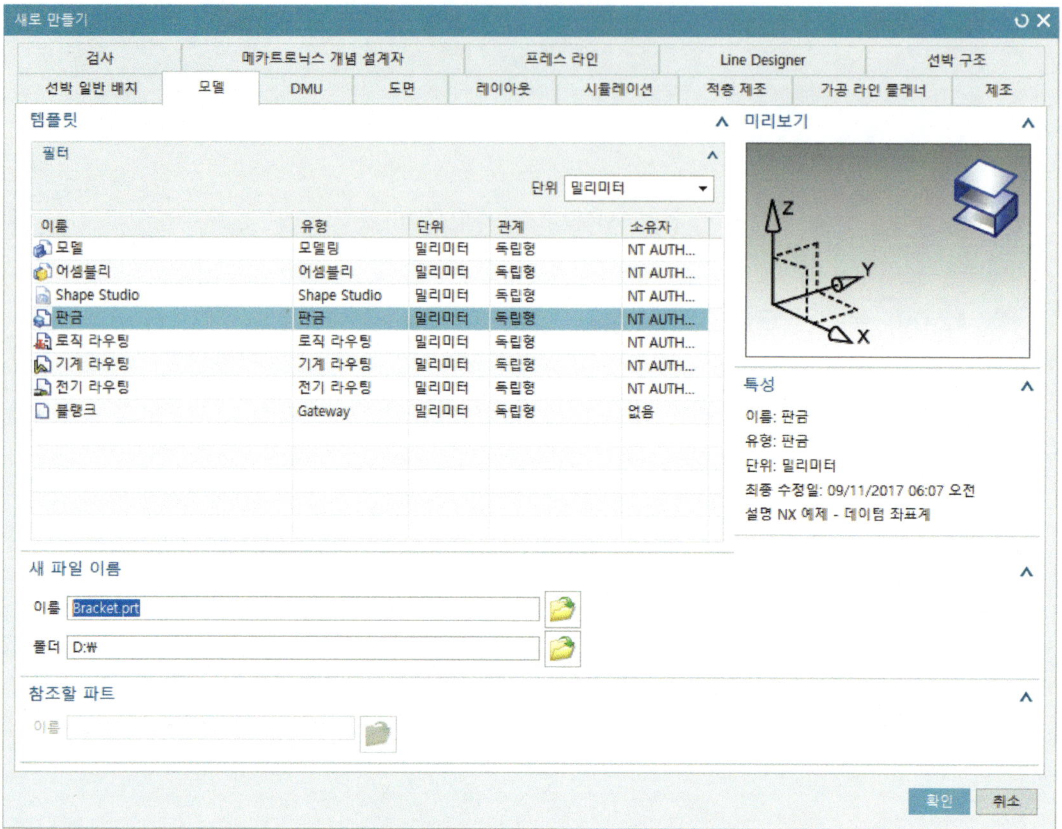

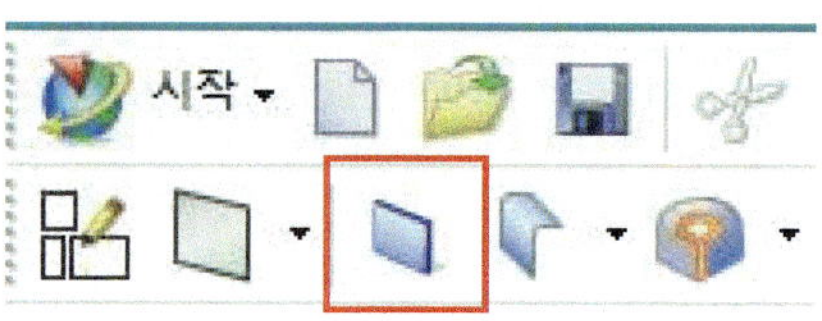

5) 기본 BASE 형상을 만들기 위해 상단에 위치한 클래식 메뉴의 '탭' 아이콘을 선택한다.

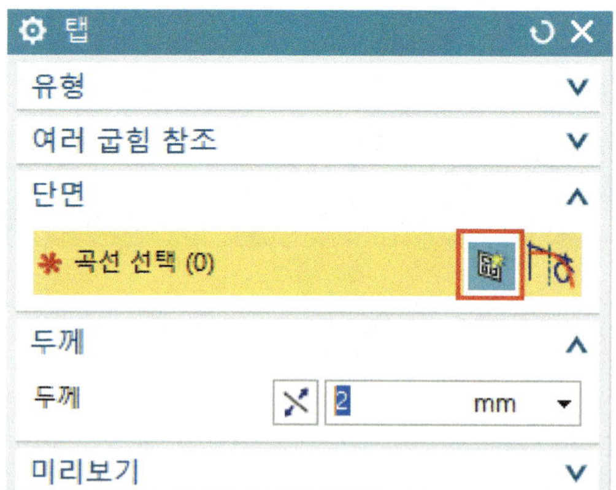

6) 두께 값 '2' 입력한 후 스케치 아이콘을 클릭하면, X–Y 평면을 자동으로 설정할 수 있다.

7) 직접스케치 도구바의 선, 원, 직사각형, 급속치수, 지오메트리 구속조건 등을 이용하여 아래와 같이 스케치한 다음, '스케치 종료' 클릭한다.

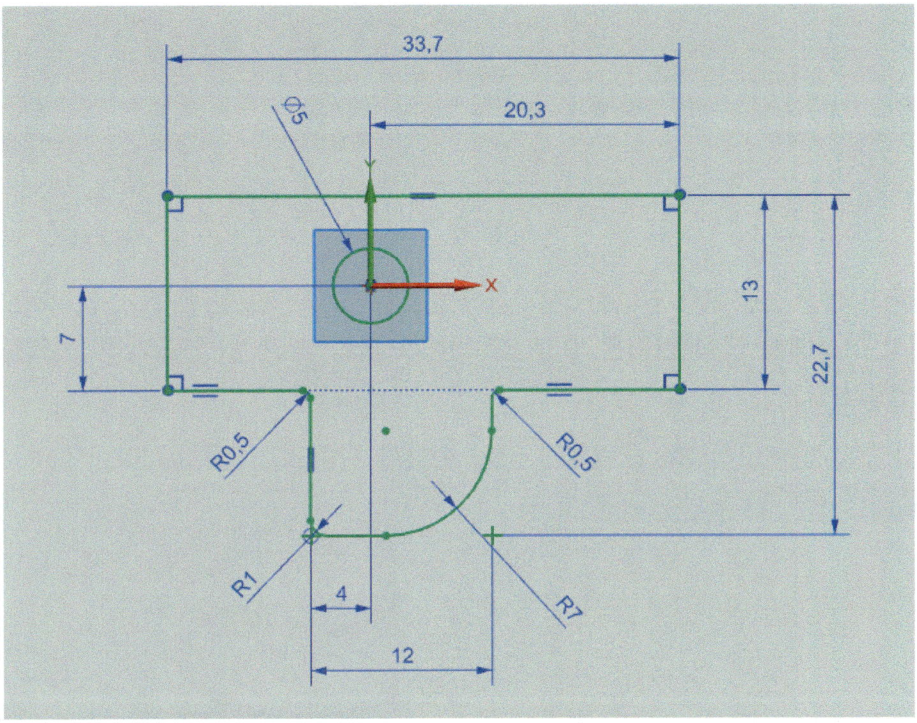

8) '방향 반전' 아이콘을 클릭, 돌출 방향을 아래쪽으로 변경한 다음, '확인' 클릭한다.

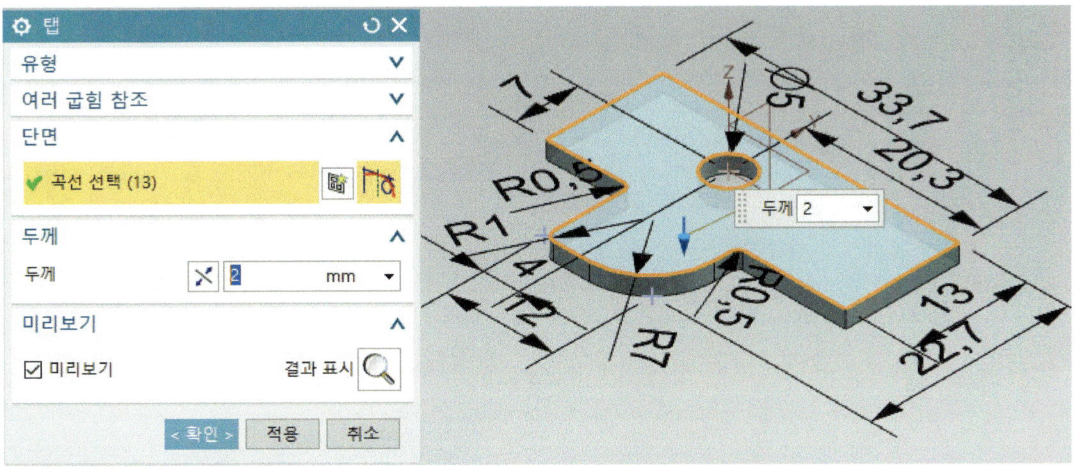

9) 굽힘 형상을 만들어주기 위해 '플랜지' 아이콘을 클릭한다.

※ 아이콘이 보이지 않을 경우, 윤곽 플랜지 옆의 역삼각형을 클릭한다.

10) 플랜지 특성 그룹에서 길이는 '28', 길이 참조는 '외부' 각도는 '90° ', 입력하고, 굽힘 매개변수 그룹에서 굽힘 반경은 '0.5' 입력한 후 굽힘 부위 '하측 모서리' 선택한 다음, '적용' 클릭한다.

※ 참고로 상측 모서리를 클릭하면 굽힘 형상이 위쪽으로 만들어진다.

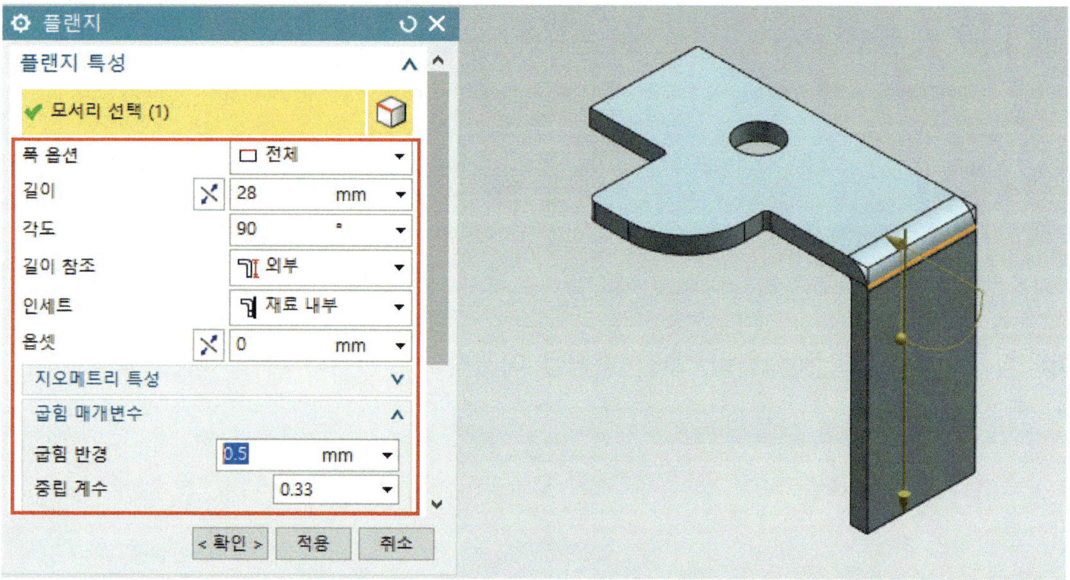

11) 반대쪽 굽힘 형상을 만들어주기 위해 '플랜지' 아이콘을 클릭, 플랜지 특성 그룹에서 길이는 '15', 길이 참조는 '외부' 각도는 '90°', 입력하고, 굽힘 매개변수 그룹에서 굽힘 반경은 '0.5' 입력한 후 굽힘 부위 '하측 모서리' 선택한 다음, '확인' 클릭한다.

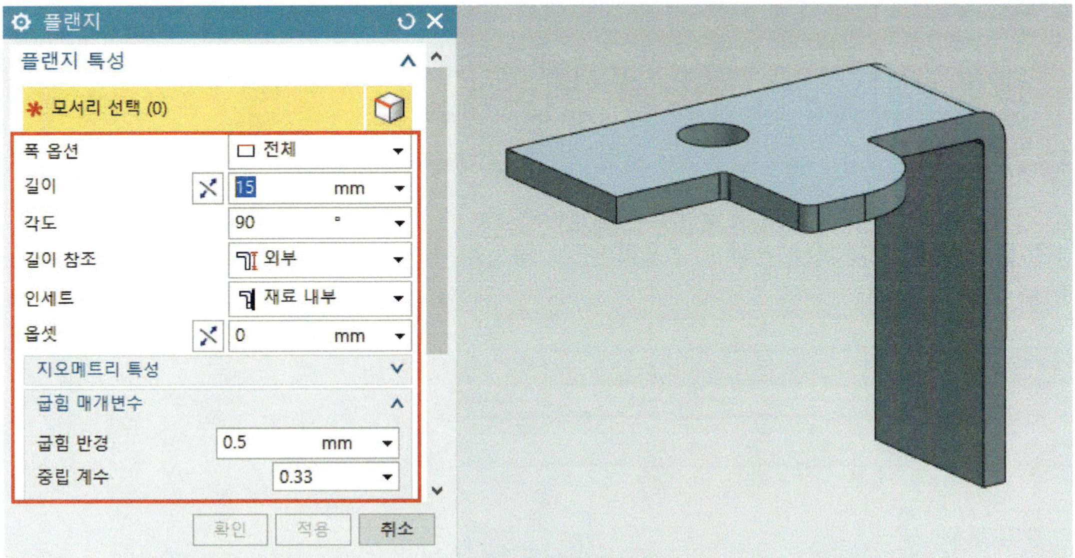

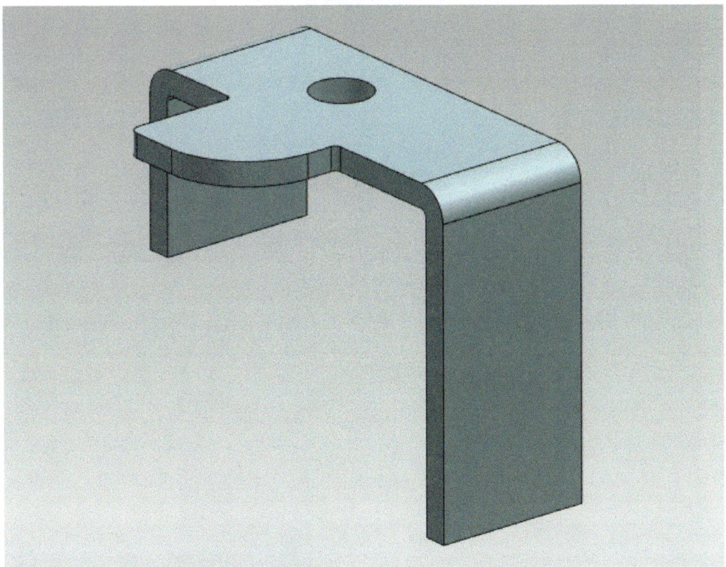

12) 굽힘 형상 모서리 4개소에 R2 라운드 형상을 만들어주기 위해 '분할 코너' 아이콘을 클릭한다.

※ 아이콘이 보이지 않을 경우, 닫힌 코너 옆의 역삼각형을 클릭한다.

13) 분할 특성 그룹에서 반경에 '2' 입력하고, 모서리 4개소를 클릭 또는 드래그하여 선택한 다음, '확인' 클릭한다.

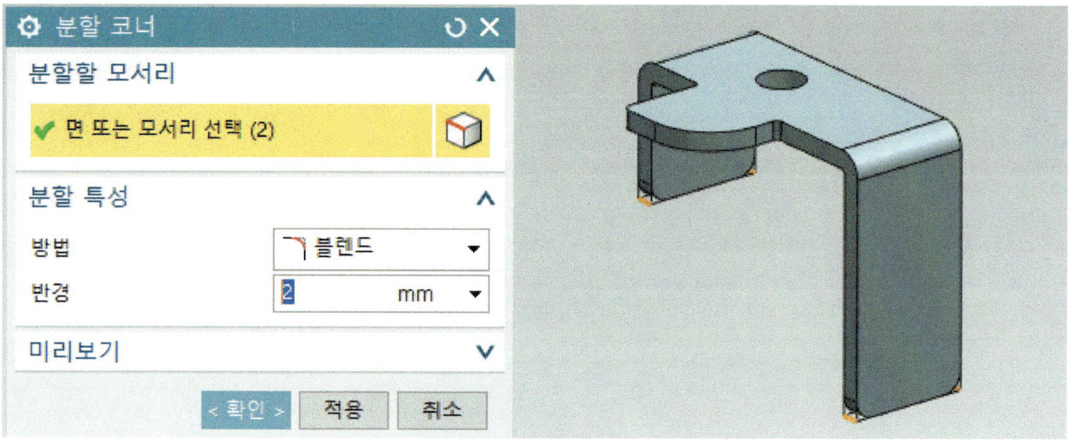

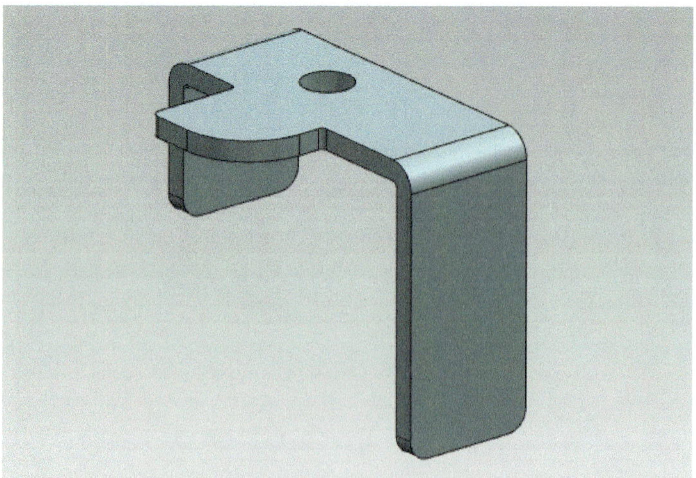

14) 굽힘 가공 시 압축응력으로 인해, 굽힙 부위 내측 주변에 부풀음이 발생하며, 발생한 부풀음을 제거하기 위해 굽힘 부위에 도피구를 만들어주어야 한다. '스케치' 아이콘을 클릭하여 아래와 같이 스케치한 다음, '스케치 종료' 클릭한다.

※ 도피구의 폭은 원소재 두께(t2)의 1.5배로 적용한다.(3 = 2 * 1.5)

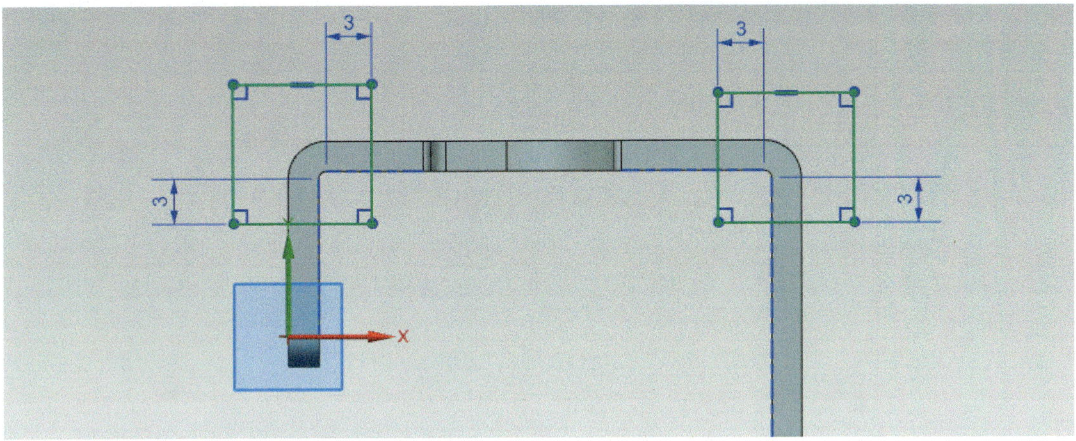

15) 돌출 아이콘을 클릭, 선택 박스에서 '연결된 곡선' 선택하고, 스케치한 선을 모두 선택한 다음, 아래와 같이 입력하고, '확인' 클릭한다.

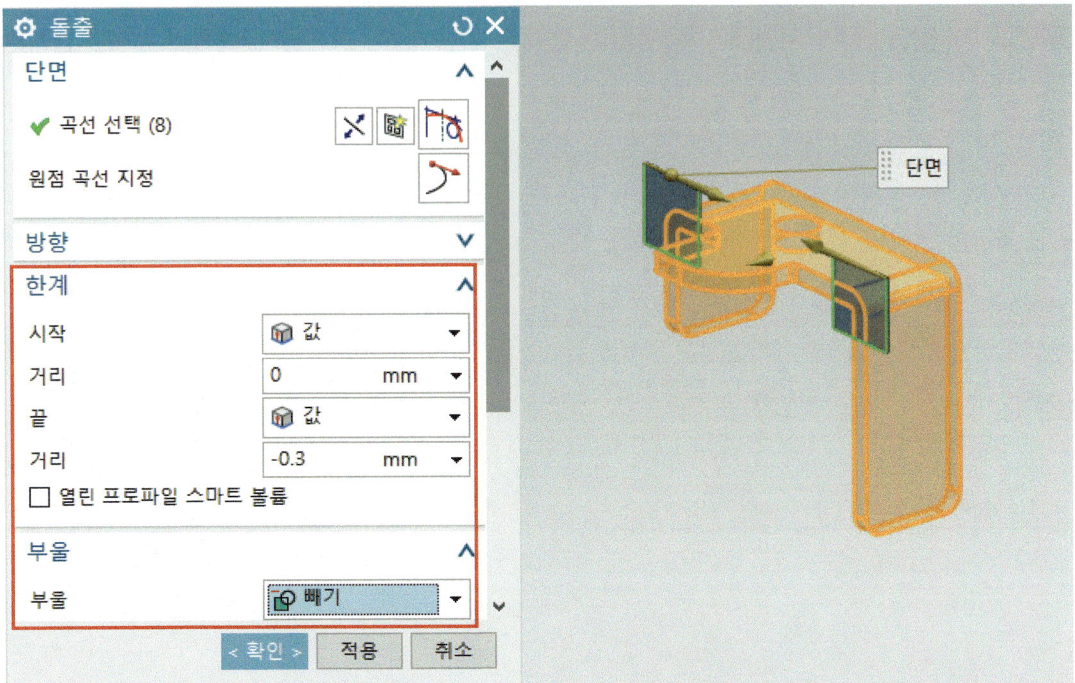

16) 제거된 부풀음 발생 예상부위 내측 모서리 4개소에 라운드 형상을 적용하기 위해 '분할 코너' 아이콘을 클릭, 분할 특성 그룹에서 반경에 '0.3' 입력하고, 모서리 4개소를 선택한 다음, '확인' 클릭한다.

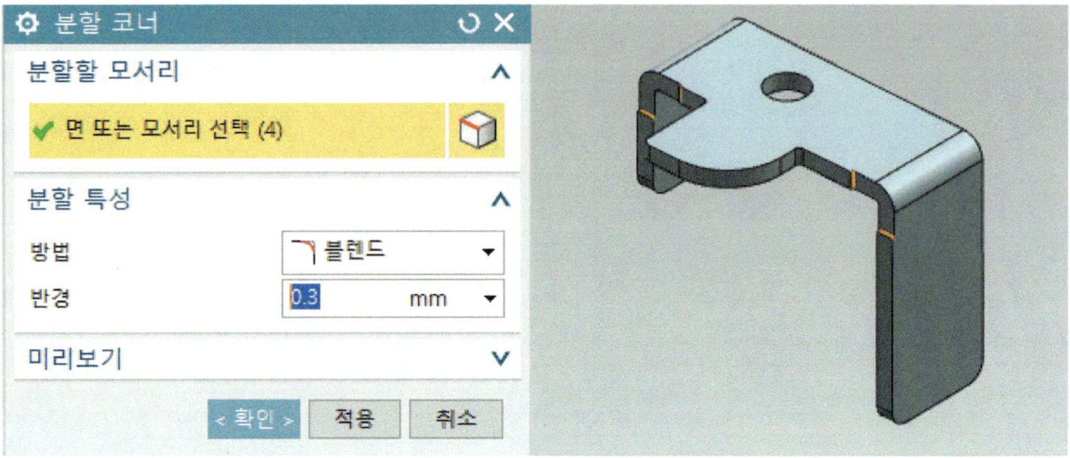

17) 반대편 굽힘 부위에도 부풀음을 제거하기 위해 삽입 → 연관복사 → '대칭 특징형상' 을 선택한 다음, 15)~16)에서 생성한 형상을 모두 선택하고, 대칭 평면 그룹에서 평면에 '새 평면', 평면 지정에 '이등분선'을 선택한 다음, 양쪽 단면을 선택하고, '확인' 클릭한다.

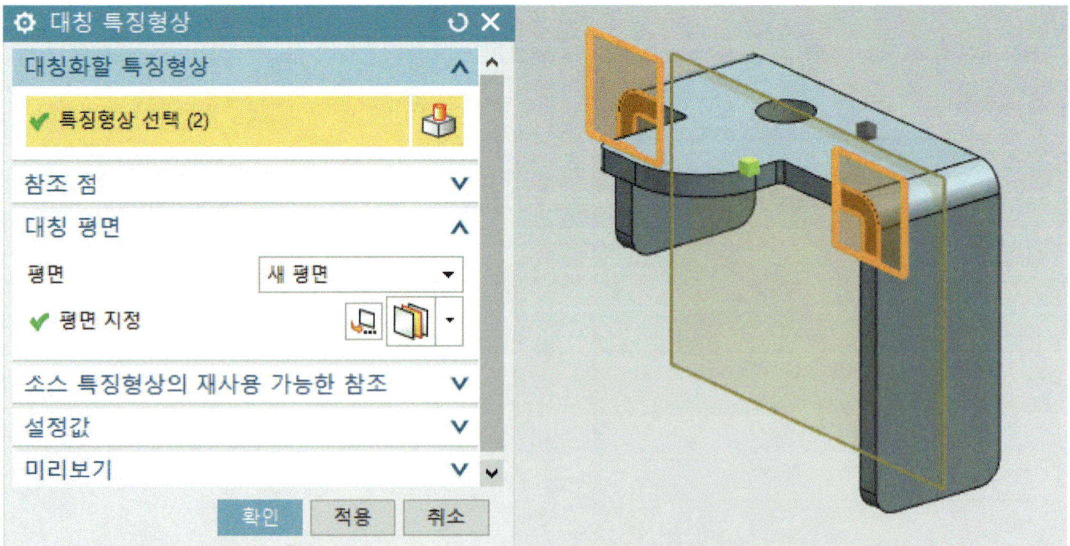

18) 최종 완성된 Bracket 판금 형상 모델링

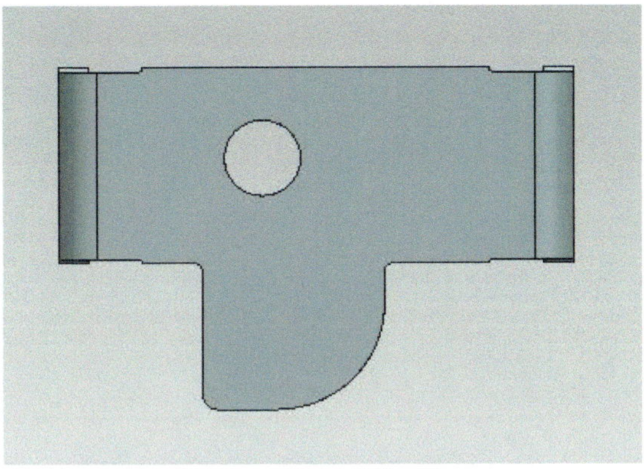

평면도

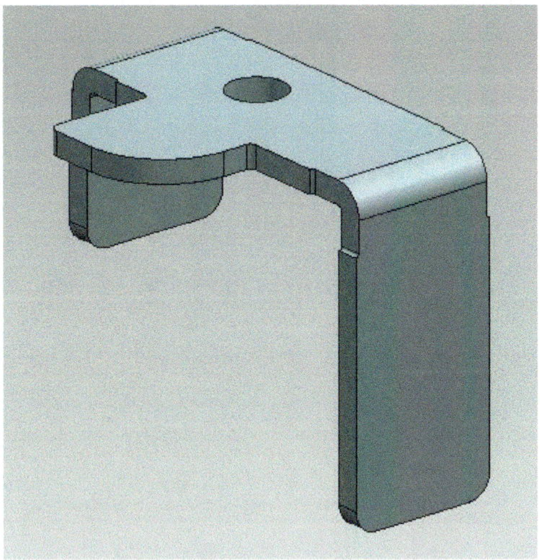

등각도

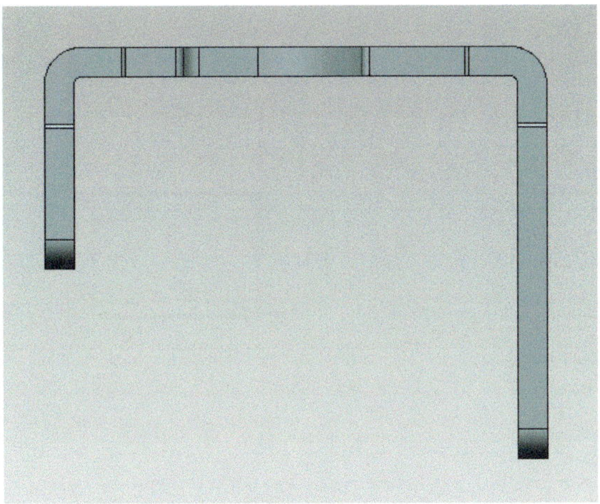

정면도

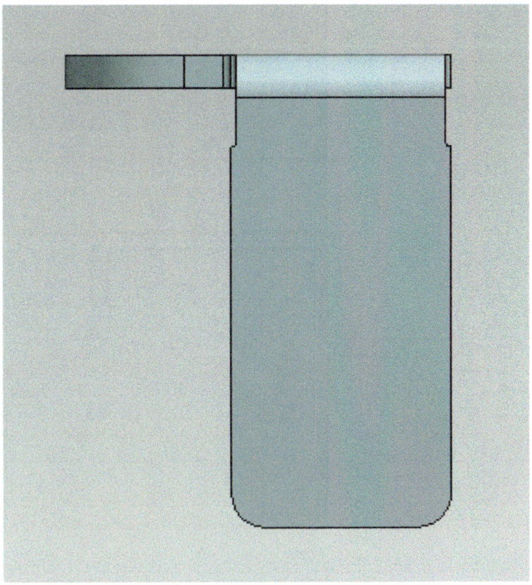

우측면도

2.3 Clamping Plate 판금 부품 형상 모델링 연습하기

■ 품명: Clamping Plate

* 주기

- 원재료는 SPCC t2.0 적용할 것.
- 벤딩부 삼각비드는 양측 90°, 2개소 동일 적용할 것.

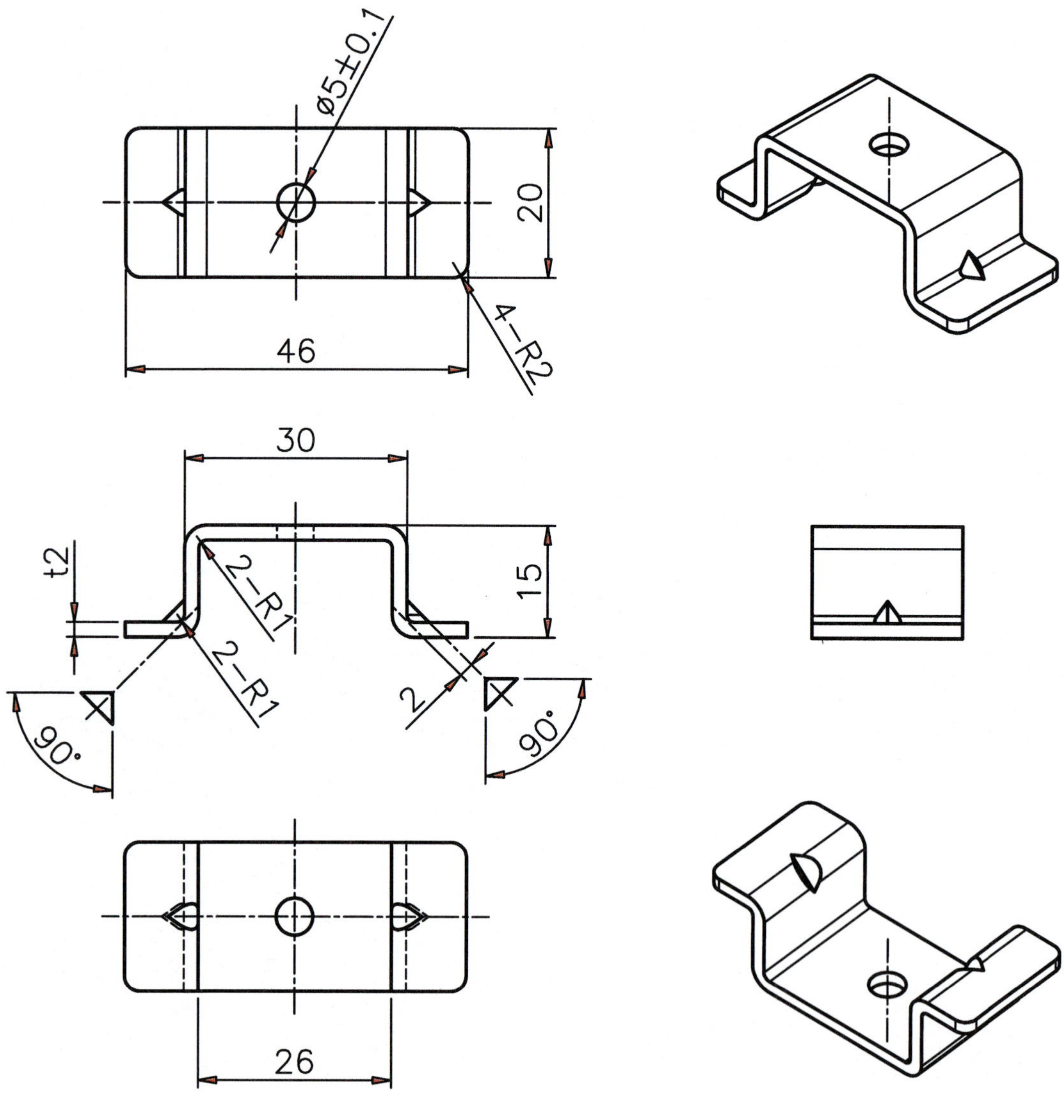

2.4 Base Plate 판금 부품 형상 모델링 연습하기

■ **품명:** Base Plate

* 주기

- 원재료는 SPCC t1.0 적용할 것.
- 도시되고 지시 없는 라운드는 R1 적용할 것.

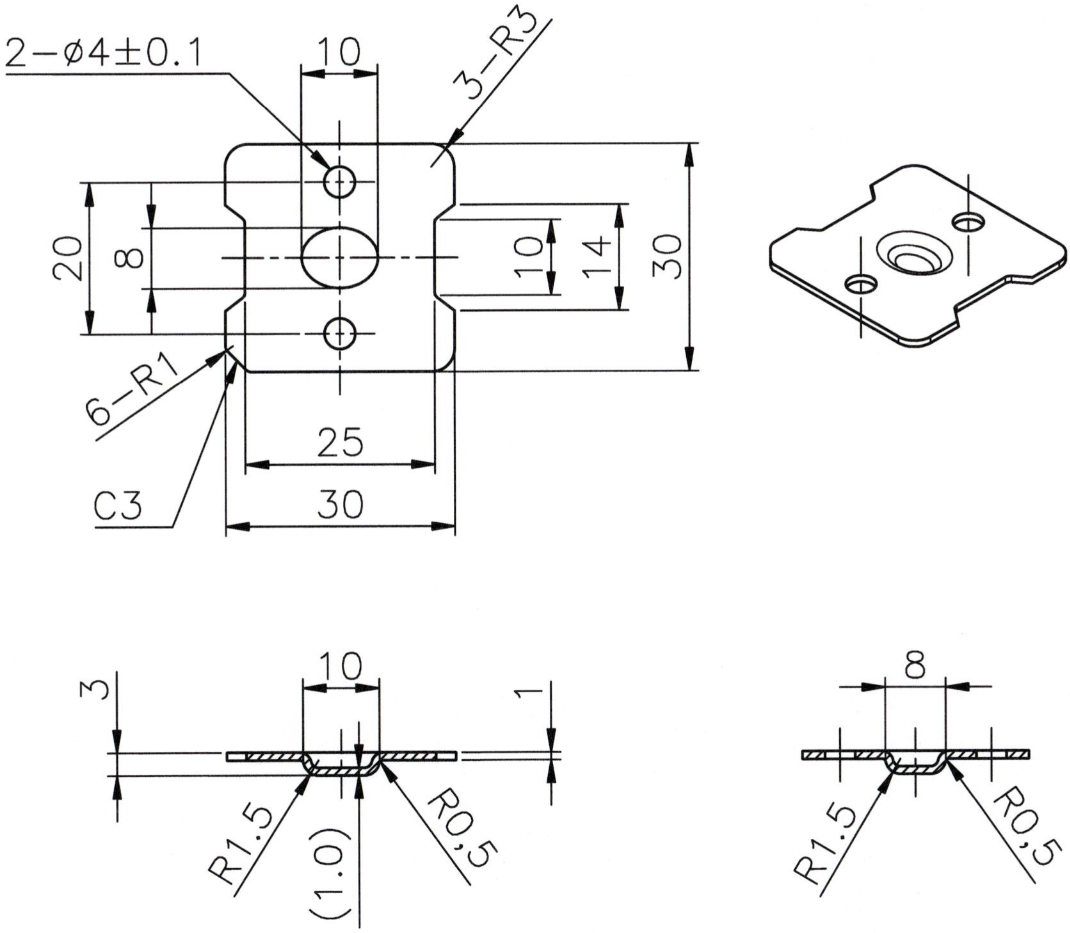

2.5 Clip 판금 부품 형상 모델링 연습하기

■ 품명: Clip

* 주기

- 원재료는 SPCC t1.0 적용할 것.
- 도시되고 지시 없는 라운드는 R1 적용할 것.

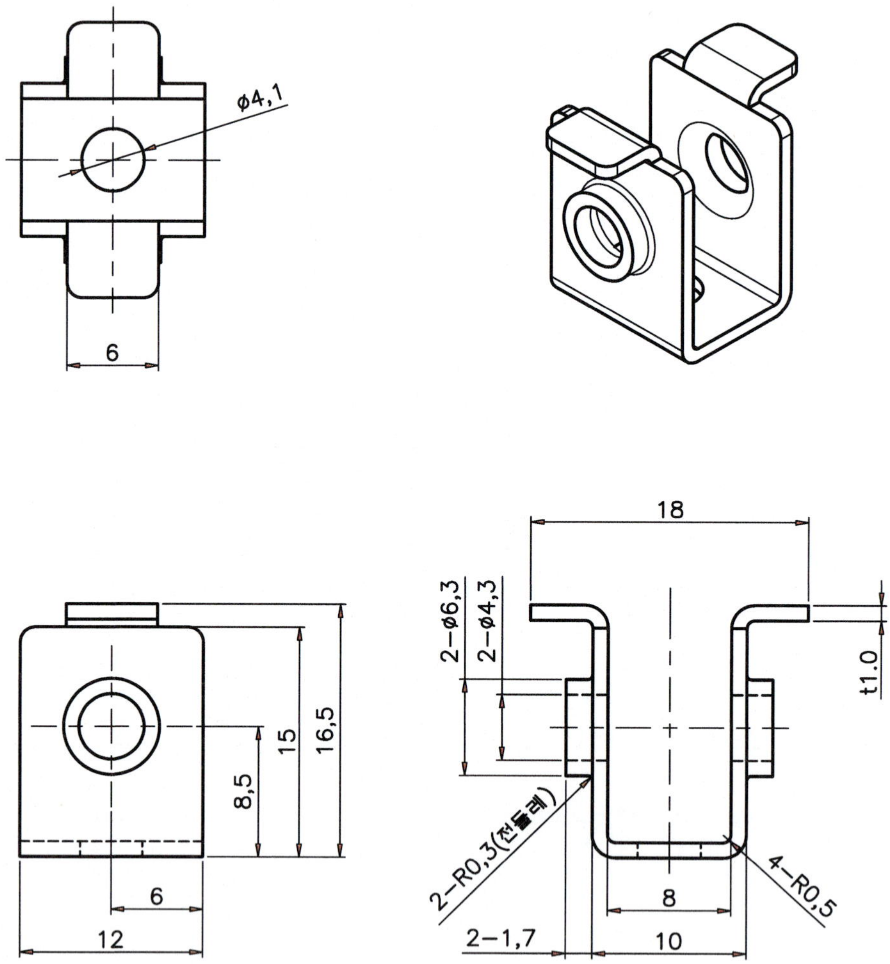

2.6 Support Plate 판금 부품 형상 모델링 연습하기

■ **품명**: Support Plate

* 주기

- 원재료는 SPCC t3.0 적용할 것.
- 도시되고 지시 없는 라운드는 R2 적용할 것.

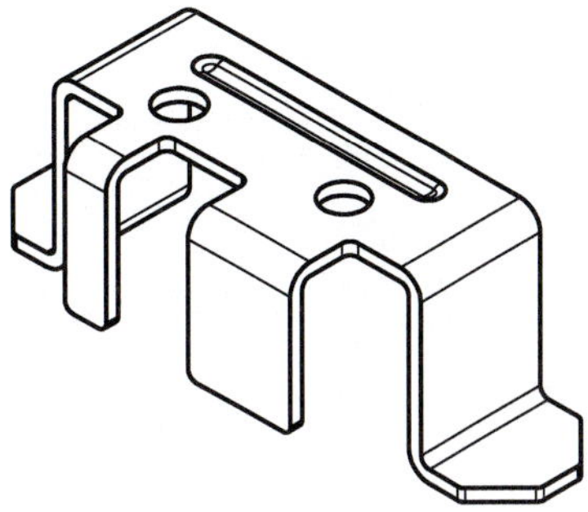

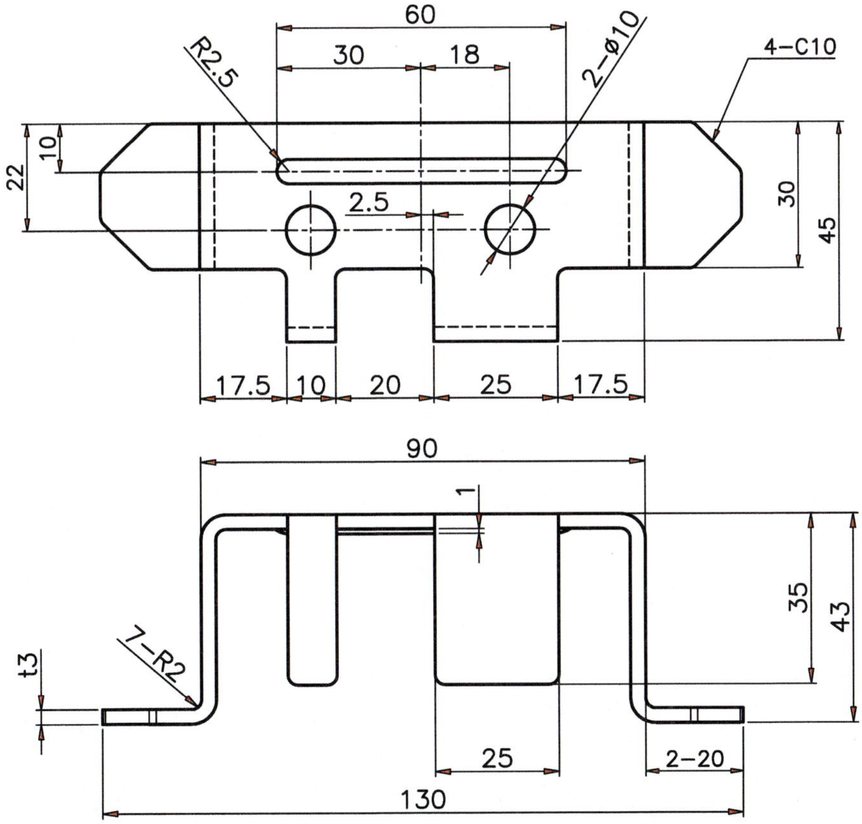

2.7 Guide Plate 판금 부품 형상 모델링 연습하기

■ **품명**: Guide Plate

* 주기

- 원재료는 SPCC t1.0 적용할 것.
- 도시되고 지시 없는 라운드는 R2 적용할 것.

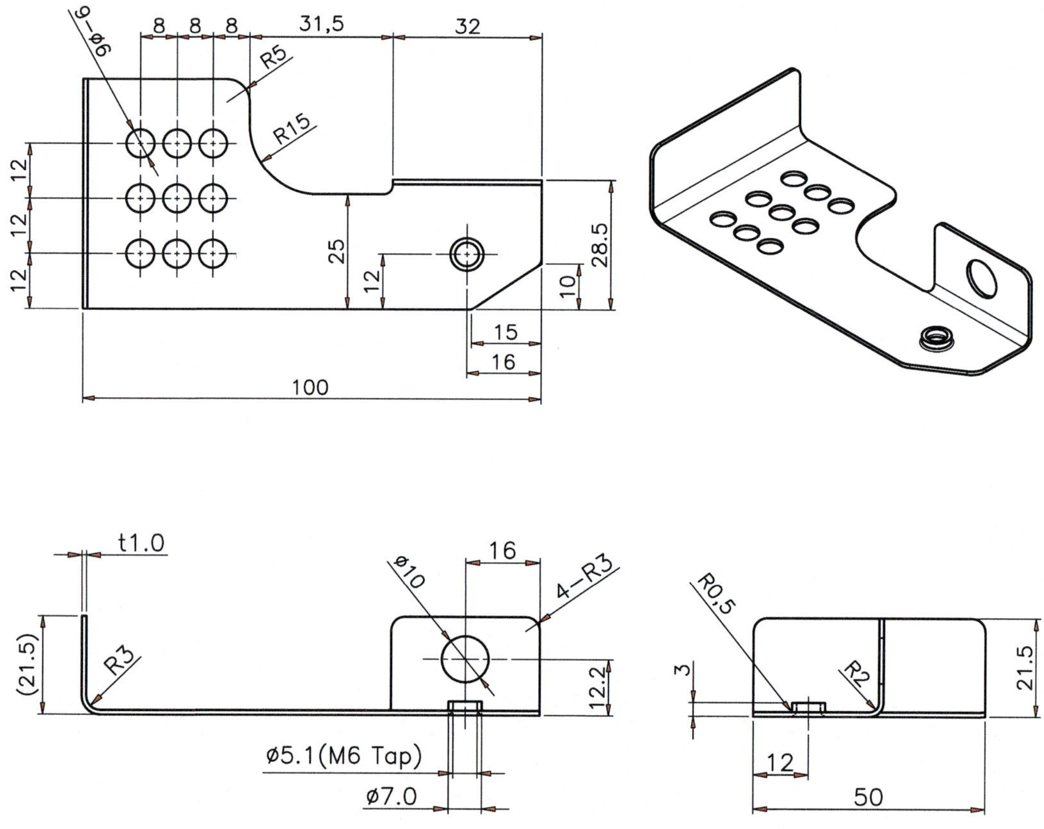

CHAPTER 3

프레스 금형 설계

UG NX 12.0 3D CAD

3.1 Fixing Plate 목적치수 결정하기
3.2 스트립 레이아웃 설계하기
3.3 펀치 및 파일럿 핀 설계하기
3.4 다이편 설계하기
3.5 제품 및 칩 배출구 설계하기
3.6 다이세트 설계하기
3.7 가이드 리프터 핀 설계하기
3.8 도피구 설계하기
3.9 상형 플레이트 펀치 형상 설계하기

UG NX 12.0
3D CAD

3.1 Fixing Plate 목적치수 결정하기

1) NX 12.0 실행한 다음, 'Fixing Plate.prt' 3D 파일을 Open 한다.

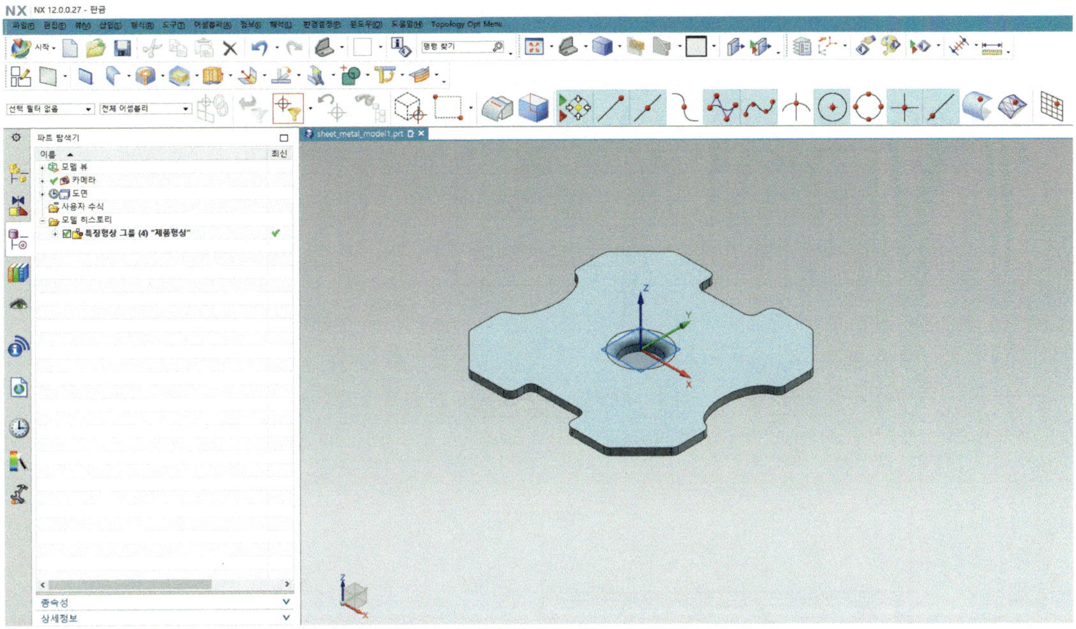

※ 금형 설계의 작업성을 높이기 위해 응용 프로그램은 '모델링', 메뉴는 '클래식'을 사용한다.
(NX 12.0의 경우, 판금에서 모델링으로 전환해도 판금의 성질을 유지한다.)

2) 프레스금형 제품의 최종 목적 치수를 결정하기 위해 아래 2D 도면을 해독, 허용 공차를 계산하여 3D 모델링에 적용한다.

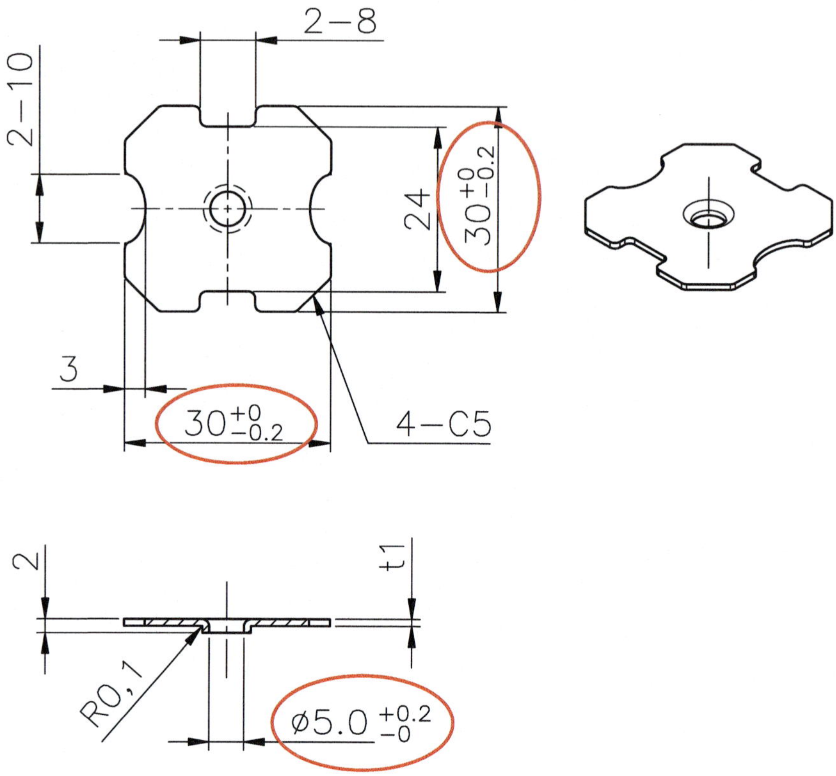

※ 공차 적용할 때 피어싱(노칭 포함) 공정은 공차의 80% 정도 크게 적용하고, 블랭킹 공정은 공차의 80% 정도 작게 적용한다.

※ 도면에서 공차가 적용된 치수 3개소에 대해 목적 치수를 적용해 보면,

- 버링 구멍 ∅5.0+0.2/−0의 경우, 공차의 80% 적용하면, ∅5.16(5.0+0.16)이므로 버링 구멍 목적 치수는 '∅5.16'로 결정한다.
- 외측 30+0/−0.2의 경우, 공차의 80% 적용하면, 29.84(30−0.16)이므로 외측 목적 치수는 '29.84'로 결정한다. (2개소 동일)

3) 세로 치수 '30'에 목적 치수를 적용하기 위해 동기식 모델링의 면 이동 아이콘을 클릭, 먼저 변환 그룹에서 벡터를 'Y축'으로 지정, 거리값은 '-0.08' 입력한 다음, 당길 면을 드래그하여 선택한 후 '확인' 클릭한다.

(반대쪽도 동일하게 '0.08' 줄여준다)

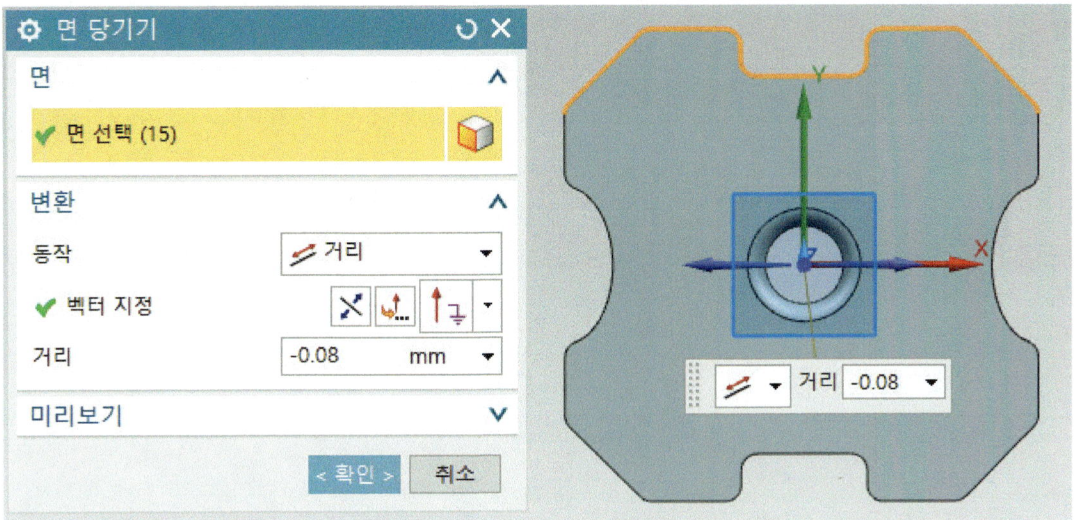

4) 가로 치수 '30'에 목적 치수를 적용하기 위해 동기식 모델링의 면 이동 아이콘을 클릭, 먼저 변환 그룹에서 벡터를 'X축'으로 지정, 거리값은 '-0.08' 입력한 다음, 당길 면을 드래그하여 선택한 후 '확인' 클릭한다.

(반대쪽도 동일하게 '0.08' 줄여준다)

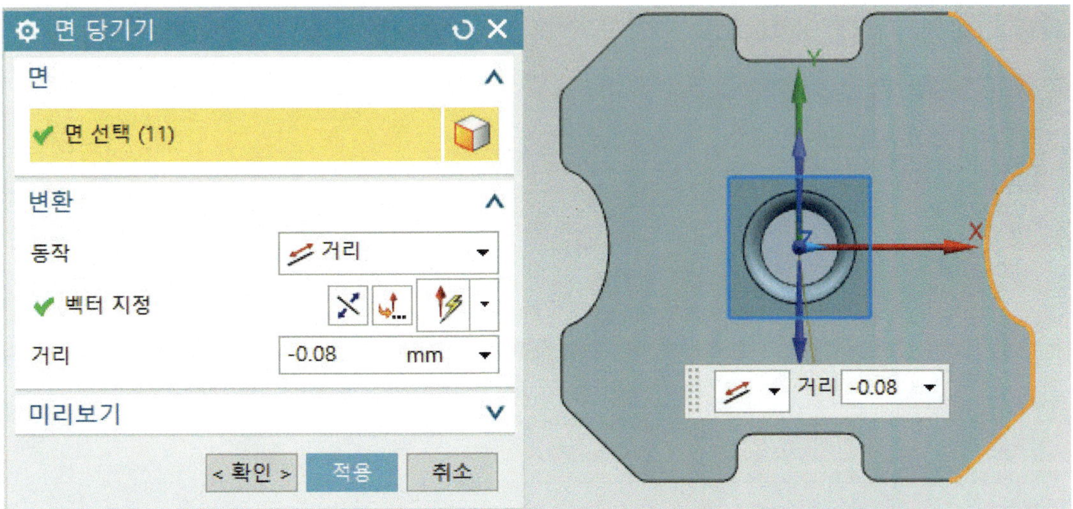

5) 버링 내경 치수 '⌀5'에 목적 치수를 적용하기 위해 파트탐색기 히스토리에서 '라이트닝 컷아웃' 아이콘을 더블 클릭하여 치수 7.2를 7.36으로 변경하고, '확인' 클릭한다.

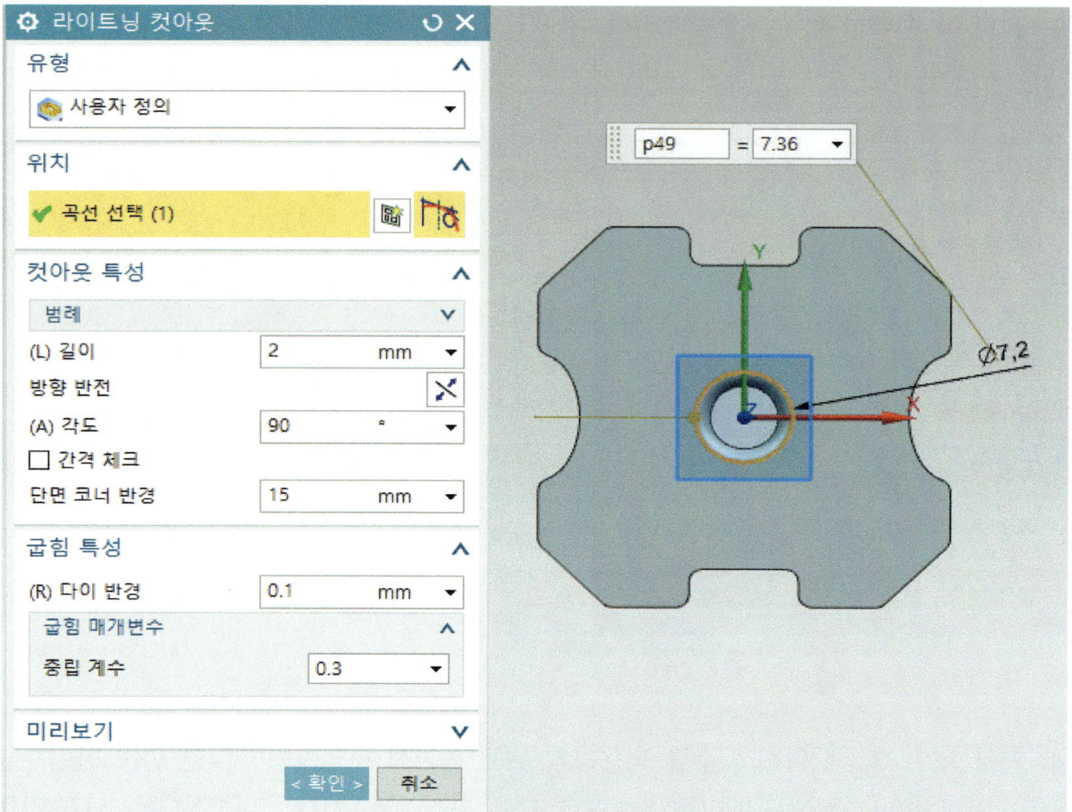

6) 목적 치수가 정확하게 적용되었는지 확인하기 위해 거리 측정 아이콘을 클릭, 유형 그룹에서 '직경' 선택하고, 구멍의 '안쪽 면'을 클릭한 다음, '적용' 클릭한다.

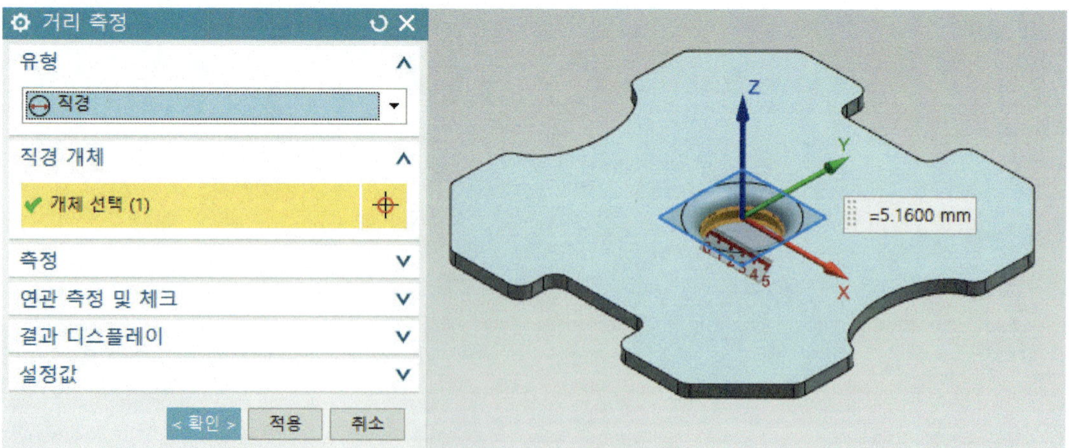

7) 목적 치수가 정확하게 적용되었는지 확인하기 위해 거리 측정 아이콘을 클릭, 유형 그룹에서 '투영 거리', 벡터 그룹에서 'Y축' 선택하고, '바깥쪽(외측) 면 또는 모서리 2개소' 클릭한 다음, '확인' 클릭한다.

(X축 부분도 바깥쪽(외측) 치수 측정하여 확인한다)

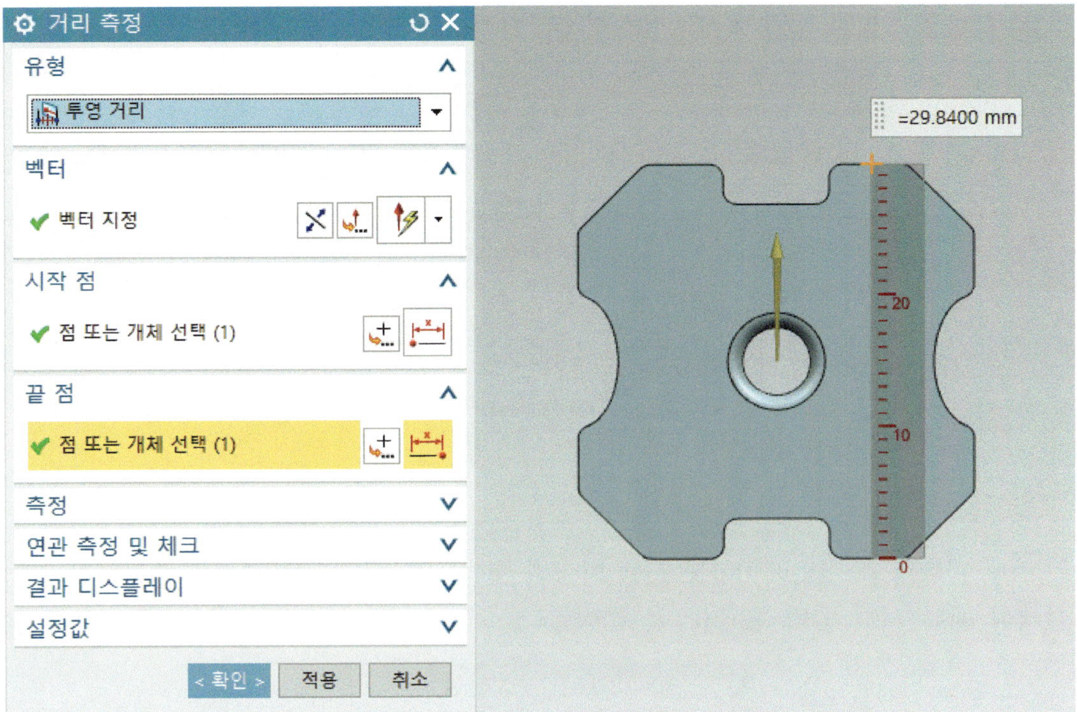

3.2 스트립 레이아웃 설계하기

1) 목적 치수를 확정한 다음, 제품(부품) 도면을 해독하여 Burr 방향, 스트립 진행 방향을 결정한다.

※ 참고로 스트립 진행 방향은 X축 기준, 좌측에서 우측으로 진행한다.

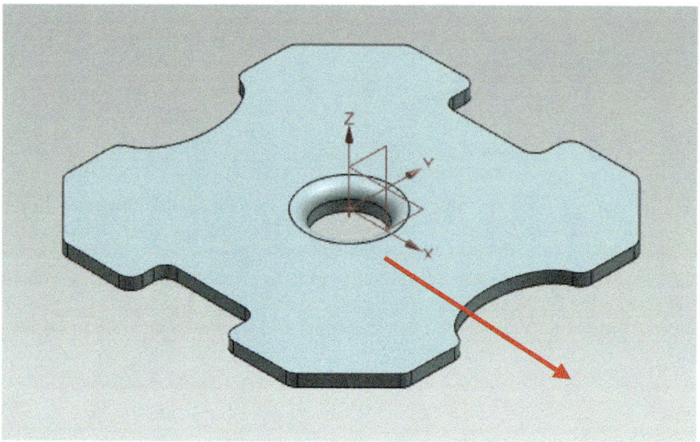

2) Burr 방향과 스트립 레이아웃 진행 방향이 결정되었으면, 제품 형상을 전개하기 위해 클래식 메뉴 시작 탭의 '판금(L)'을 클릭한다.

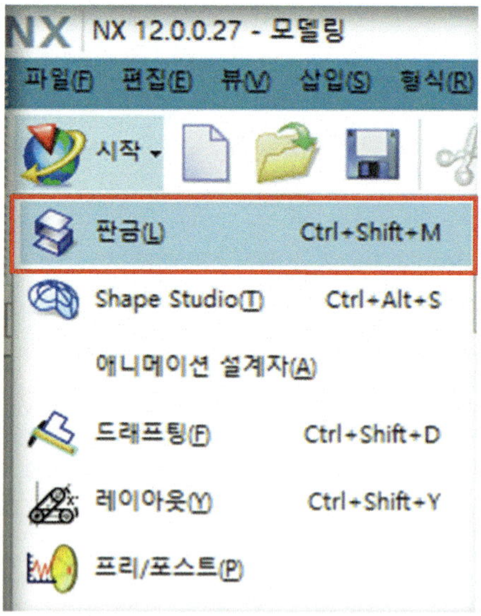

3) 버링 형상을 전개하기 위해 '평면 솔리드' 아이콘을 클릭한다.

4) 평면 솔리드 대화상자의 면 선택 항목에서 판금 제품의 윗면을 선택한 다음, '확인' 클릭한다.

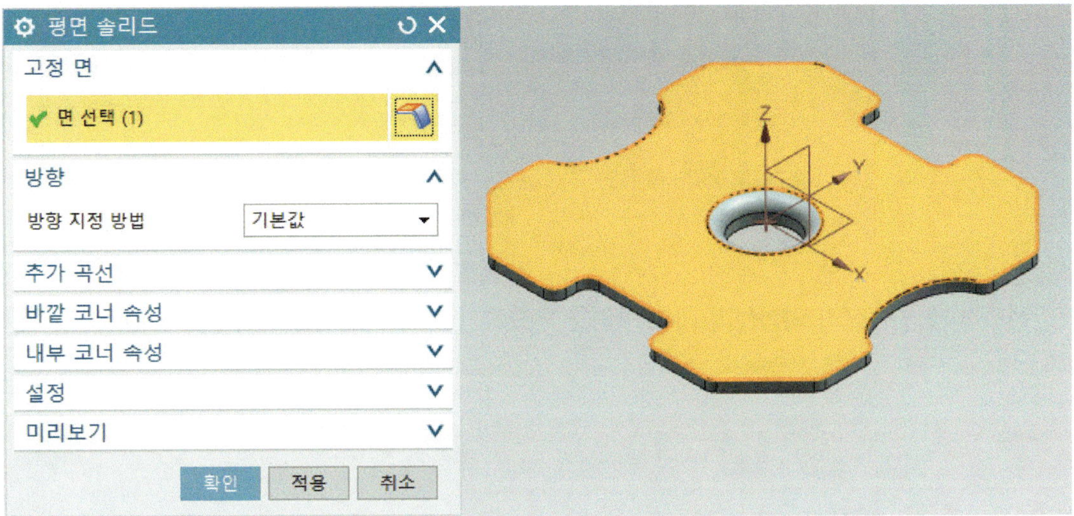

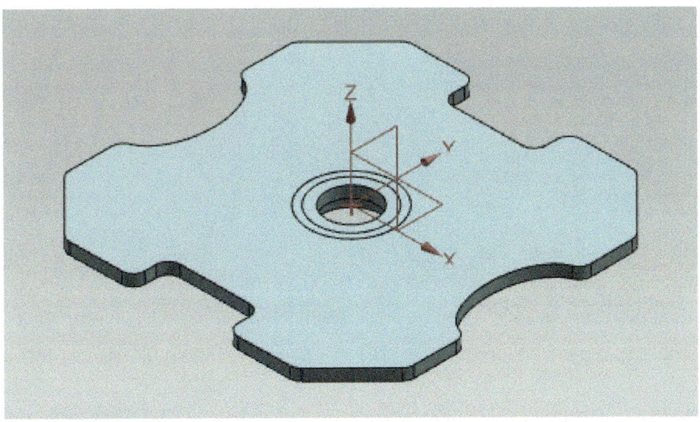

5) 스트립 레이아웃을 설계하기 위해 시작 탭에서 '모델링(D)'을 클릭한다.

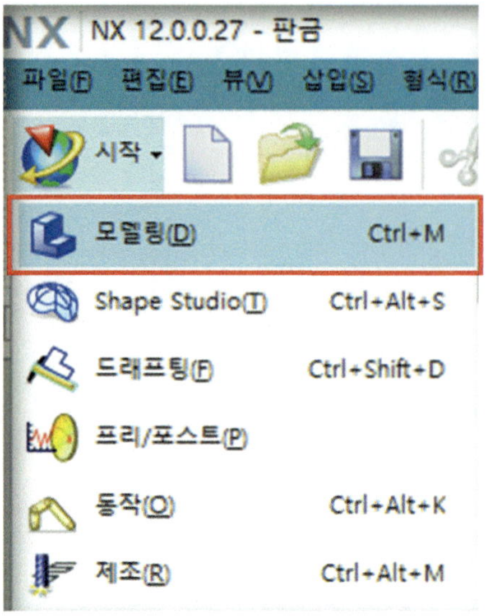

6) 전개된 제품 형상의 외형선과 내측 구멍을 추출하기 위해 '지오메트리 추출' 아이콘을 클릭한다.

7) 유형 그룹에서 '복합 곡선' 선택한 후, 전개된 솔리드 바디의 구멍과 외곽 모서리를 선택하고, '확인' 클릭한다.

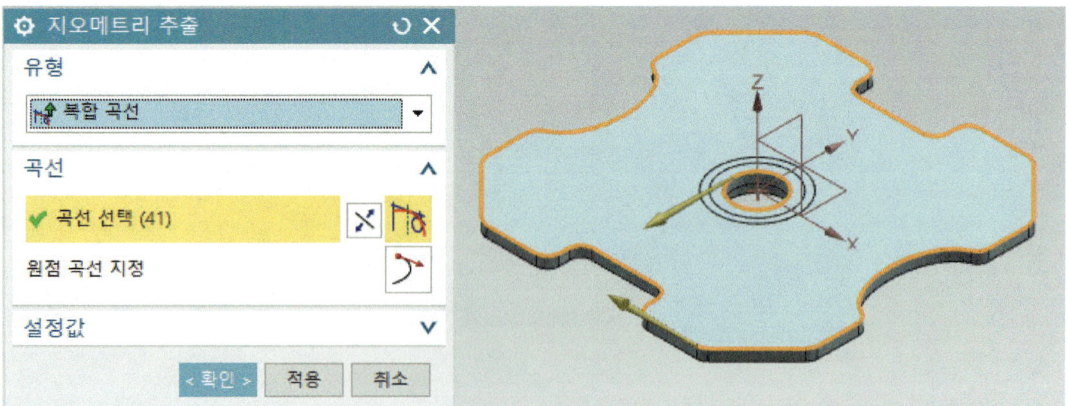

8) 파트 탐색기에서 생성한 복합 곡선을 선택하고, 'Ctrl+J' 이용, 선을 구분하기 위해 선의 색상은 'Silver Gray', 폰트는 '이점쇄선', 폭은 '0.13'으로 변경한다.

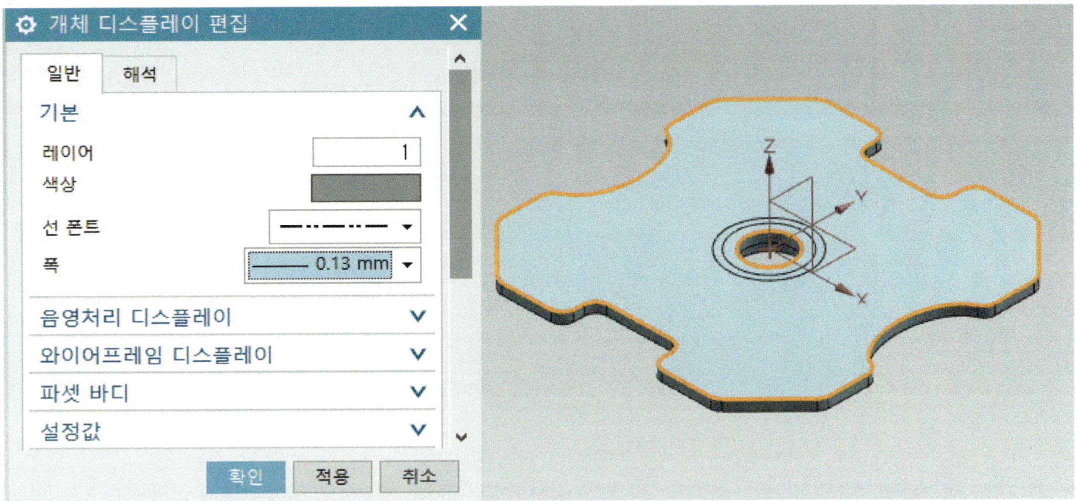

9) 추출한 복합 곡선을 다중 복사하기 위해 '패턴 지오메트리' 아이콘을 클릭한다.

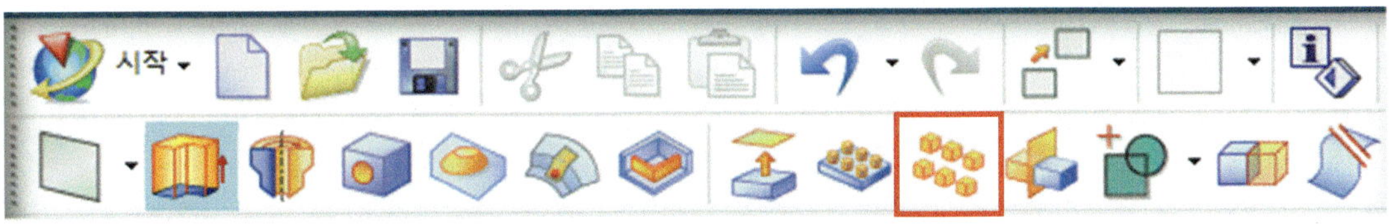

10) 파트탐색기에서 '복합 곡선' 선택, 아래와 같이 입력한 다음, '확인' 클릭한다.

※ 피치 거리: 31.3 (31.34 = 외곽 치수 29.84 + 이송 잔 폭 1.5)

※ 이송 잔 폭: 재료 두께(t1)의 1.5배 적용하면, 1.5임

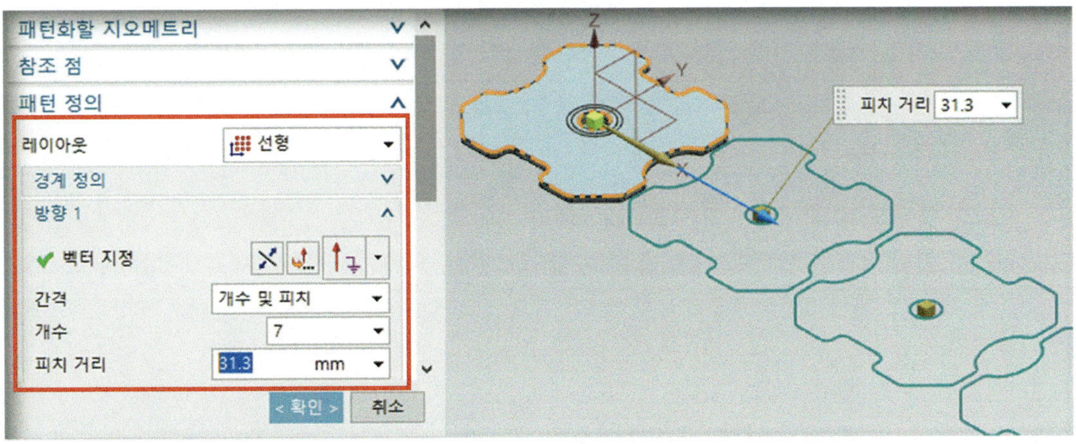

11) 프레스 원소재의 폭 치수를 결정하기 위해 '스케치' 아이콘을 클릭, 전개한 형상의 윗면을 X-Y 평면으로 설정하고, 아래와 같이 스케치한 다음, '스케치 종료' 클릭한다.

※ 폭 치수: '32.8' (32.84 = 전개 치수 29.84 + 앞뒤 잔 폭 1.5 * 2)

※ 앞뒤 잔 폭은 재료 두께(t1)의 1.5배 적용하면, 1.5임

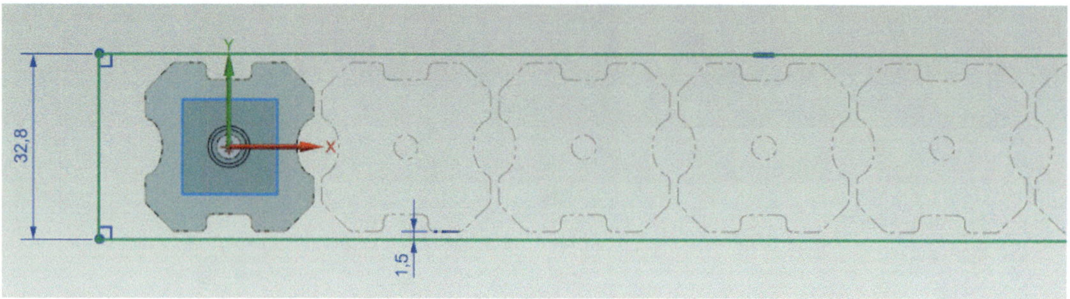

12) 재료 두께를 생성해주기 위해 '돌출' 아이콘을 클릭, 스케치한 선을 선택하고, 두께는 '1', 부울은 '없음' 으로 입력한 다음, '방향 반전' 아이콘을 클릭, 돌출 방향을 하면(아랫면)으로 변경하고, '확인' 클릭한다.

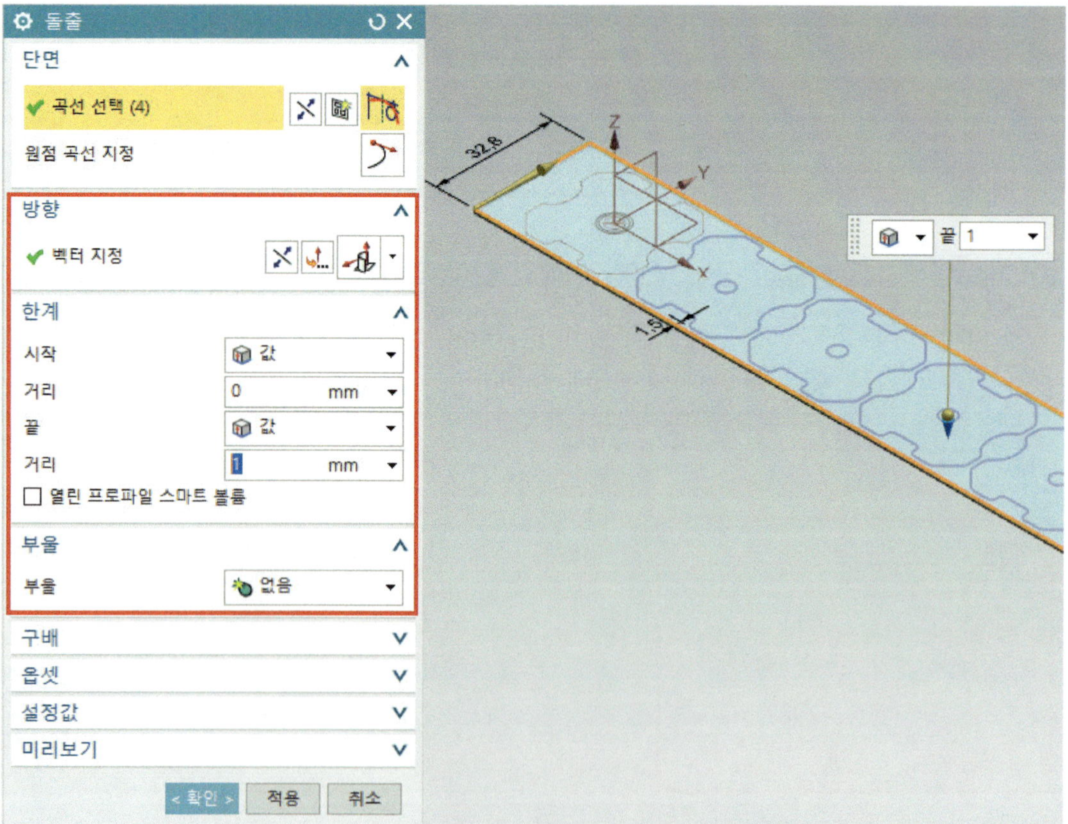

13) Progressive 금형의 첫 공정에서 파일럿 피어싱 구멍과 버링 기초 구멍을 가공하기 위해 '스케치' 아이콘을 클릭하여 아래와 같이 스케치한 다음, '스케치 종료' 클릭한다.

※ ∅4.4는 버링 형상 전개 치수이고, ∅2.5는 간접 파일럿을 위한 피어싱 치수임

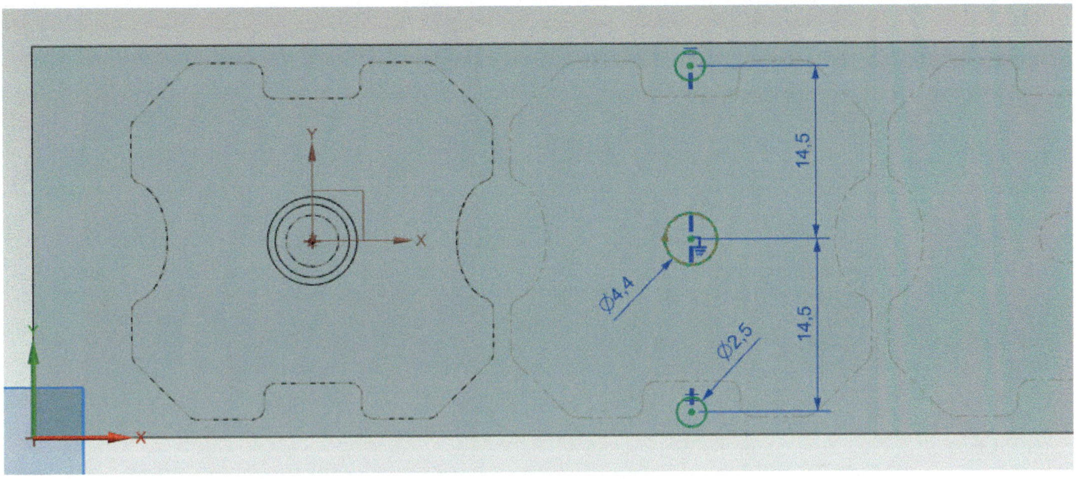

14) 구멍 형상을 생성해주기 위해 '돌출' 아이콘을 클릭, 스케치한 선을 선택하고, 두께는 '-10', 부울은 '없음'으로 입력한 다음, '확인' 클릭한다.

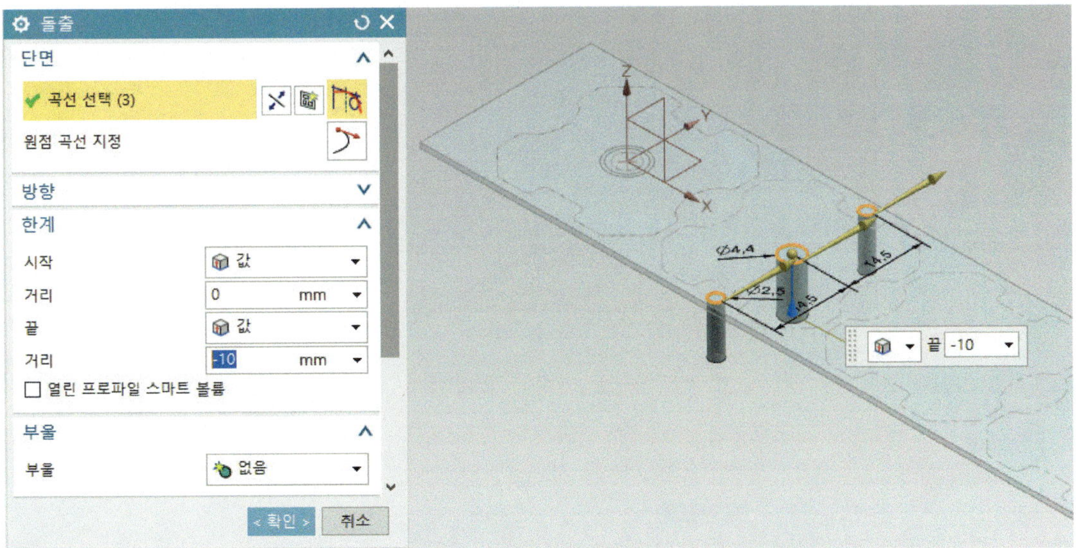

15) 돌출한 구멍 형상을 다중 복사하기 위해 '패턴 지오메트리' 아이콘을 클릭하고, 파트탐색기에서 '돌출(OO)' 선택한 다음, 레이아웃은 '선형', 벡터는 'X축', 개수는 '6', 피치 거리는 '31.3' 입력하고, '확인' 클릭한다.

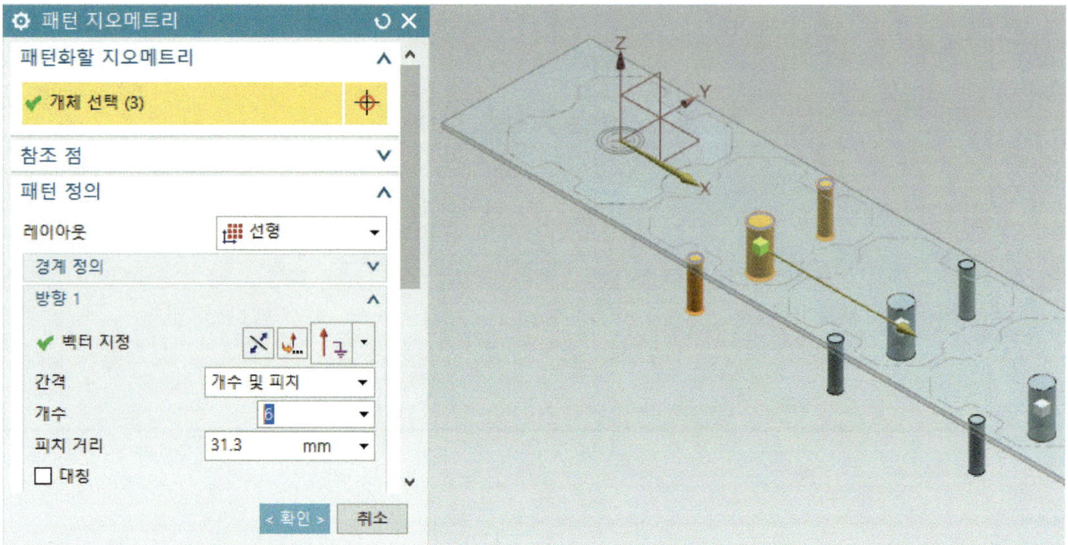

16) 프레스 원소재에 구멍 형상을 만들기 위해 '빼기' 아이콘을 클릭, 타깃 바디 선택에서 프레스 원소재를 선택한 다음, 16)에서 생성한 구멍 형상을 모두 선택하고, '확인' 클릭한다.

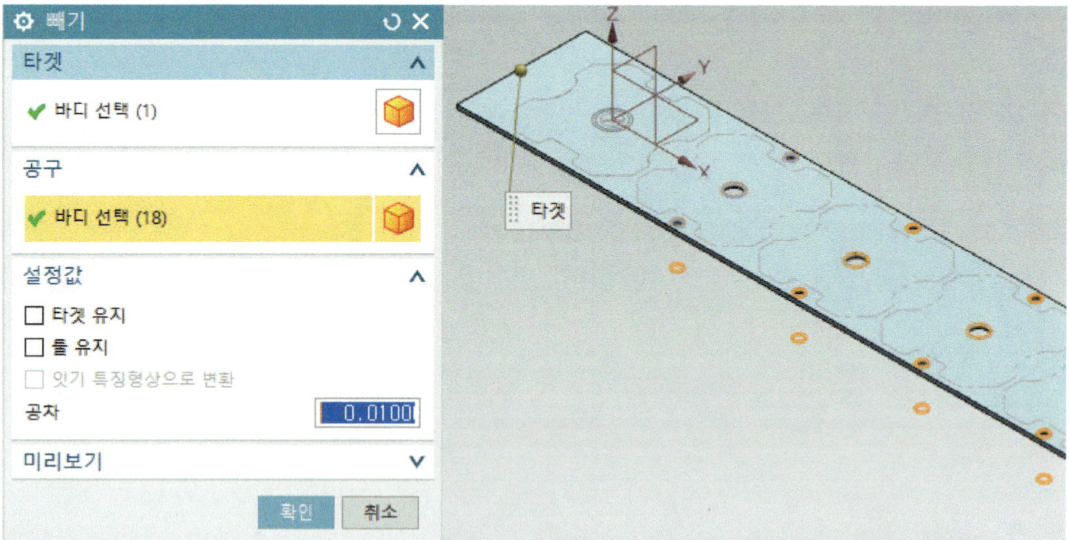

※ 프레스 원소재에 파일럿 핀 구멍과 버링 기초 구멍이 생성된 것을 확인한다.

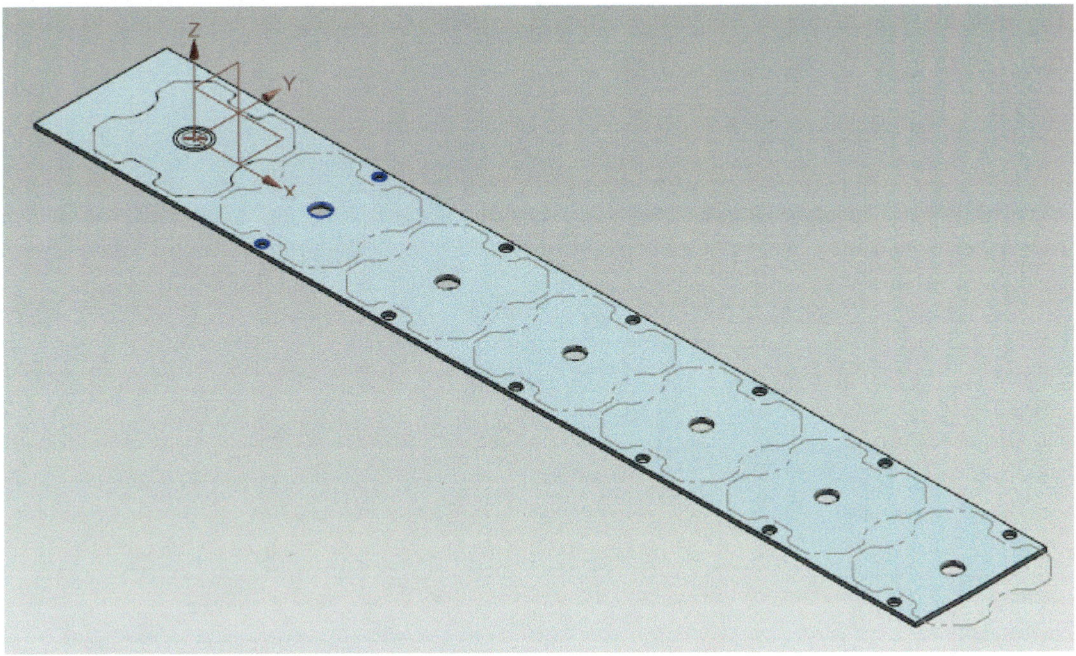

※ 버링 형상의 제품을 생산하기 위한 프로그레시브 금형의 전체 공정을 정리해 보면, 다음과 같이 총 6개의 공정으로 구성할 수 있다.

1 공정: 파일럿 피어싱과 버링 기초 구멍 가공

2 공정: 공정은 버링 가공

3 공정: 아이들 공정

4 공정: 블랭킹 가공

5 공정: 아이들 공정

6 공정: 스크랩 컷팅 가공

※ 여기서 아이들 공정이란 가공이 이루어지지 않고 쉬어가는 공정으로, 주로 금형의 강도 보강, 제품 설계변경, 금형 시험작업 시 제품의 치수 교정 등을 대비하기 위해 스트립 레이아웃 설계단계에서 적용한다.

17) 버링 형상을 추가하기 위해 '돌출' 아이콘을 클릭, 두 번째 공정부터 마지막 공정까지 원소재에서 제품 형상을 빼내기 한다.

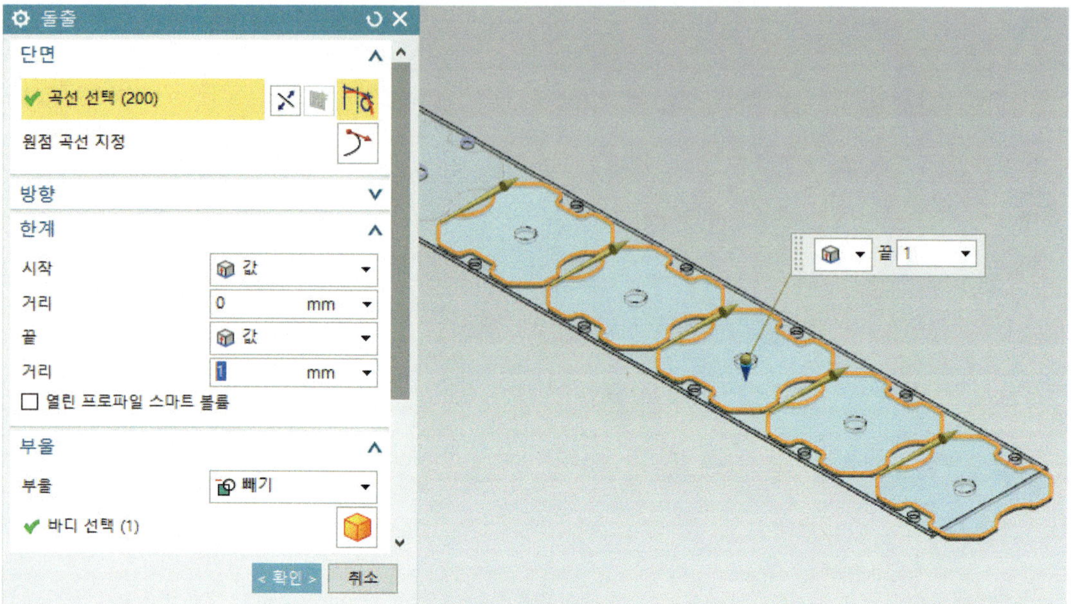

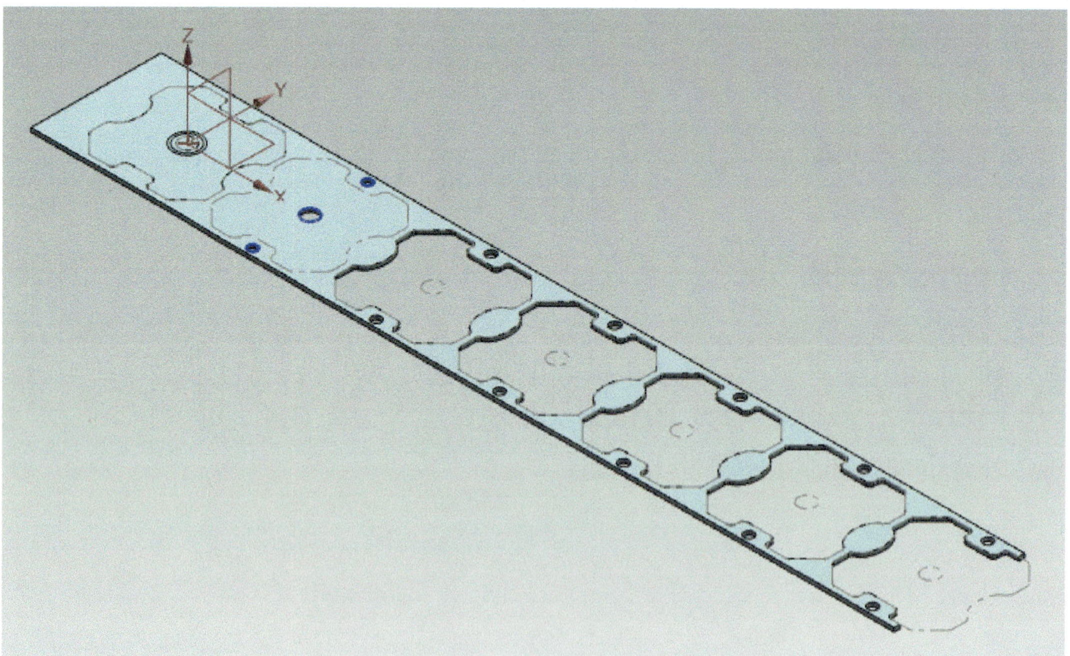

18) 버링 형상을 다중 복사하기 위해 '패턴 지오메트리' 아이콘을 클릭, 버링 형상 모델링을 선택하기 위해 원소재를 회전시켜 뒷면의 버링 형상을 선택한 후 레이아웃은 '일반', From 점 지정은 다중 복사할 형상의 타원 중심점 클릭, To 점 지정은 각 공정의 타원 중심점 클릭한 다음, '확인' 클릭한다. (아래 이미지 참조)

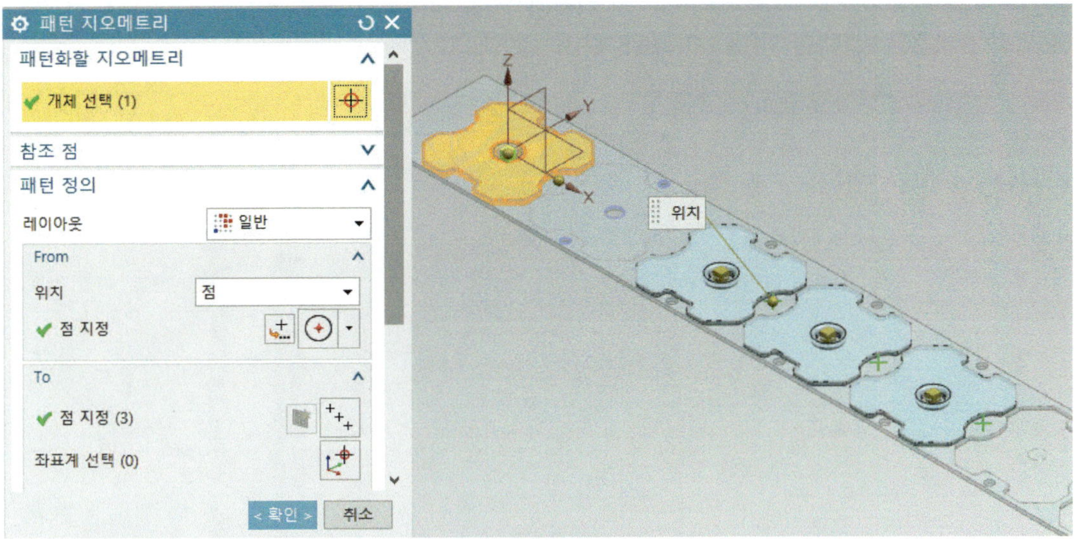

19) 총 6공정으로 설계된 Fixing Plate 스트립 레이아웃

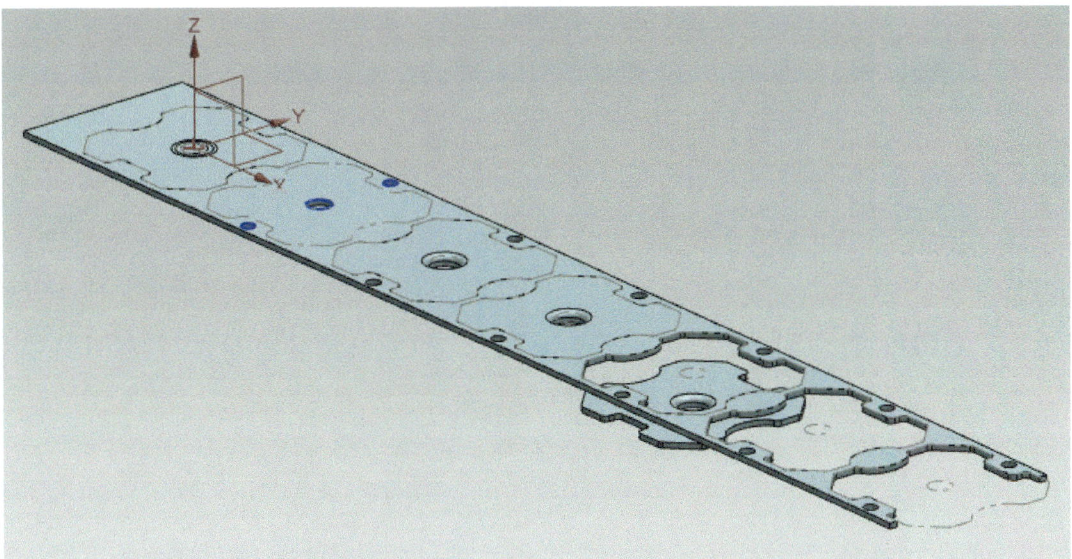

3.3 펀치 및 파일럿 핀 설계하기

1) 스트립 레이아웃에서 첫 공정의 파일럿 핀과 버링 기초 구멍 피어싱 펀치를 생성하기 위해 돌출 아이콘을 클릭, 선택 박스에서 '연결된 곡선' 선택하고, 구멍 형상의 윗면 모서리 3개소를 선택한 다음, 아래와 같이 입력하고, '확인' 클릭한다.

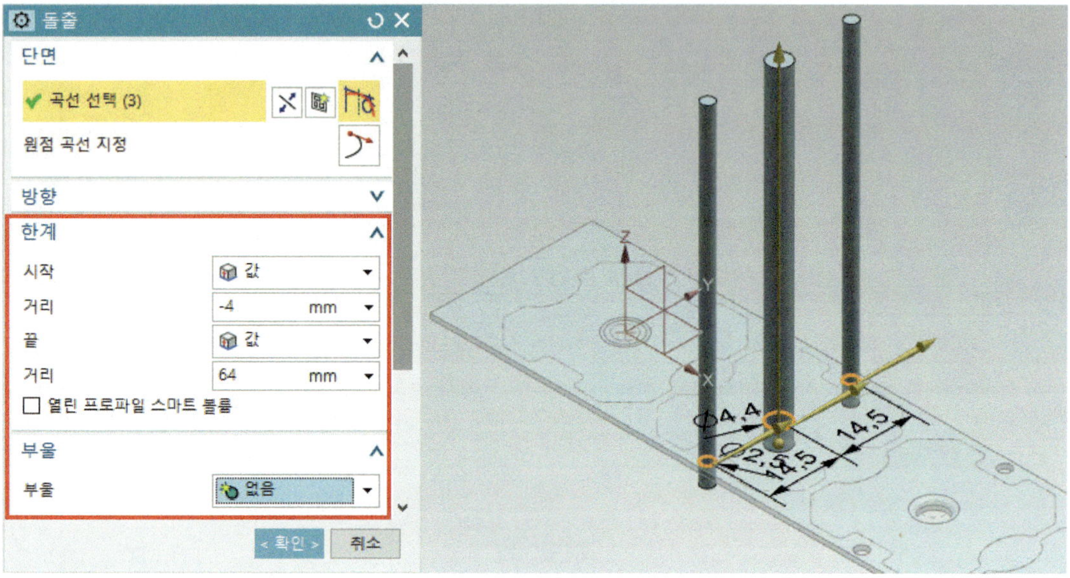

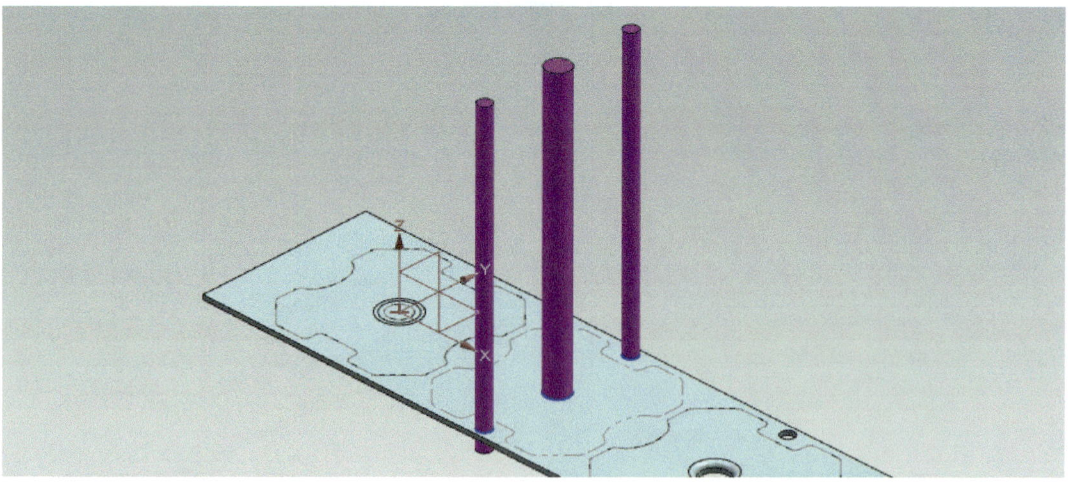

※ 생성한 펀치는 구분하기 쉽게 'Ctrl+J' 이용, 'Magenta' 색상으로 변경한다.

2) 피어싱 펀치에 턱걸이(플랜지)를 생성하기 위해 돌출 아이콘을 클릭, 선택 박스에서 '면 모서리' 선택하고, 피어싱 펀치의 윗면을 선택한 다음, 아래와 같이 입력하고, '확인' 클릭 한다.

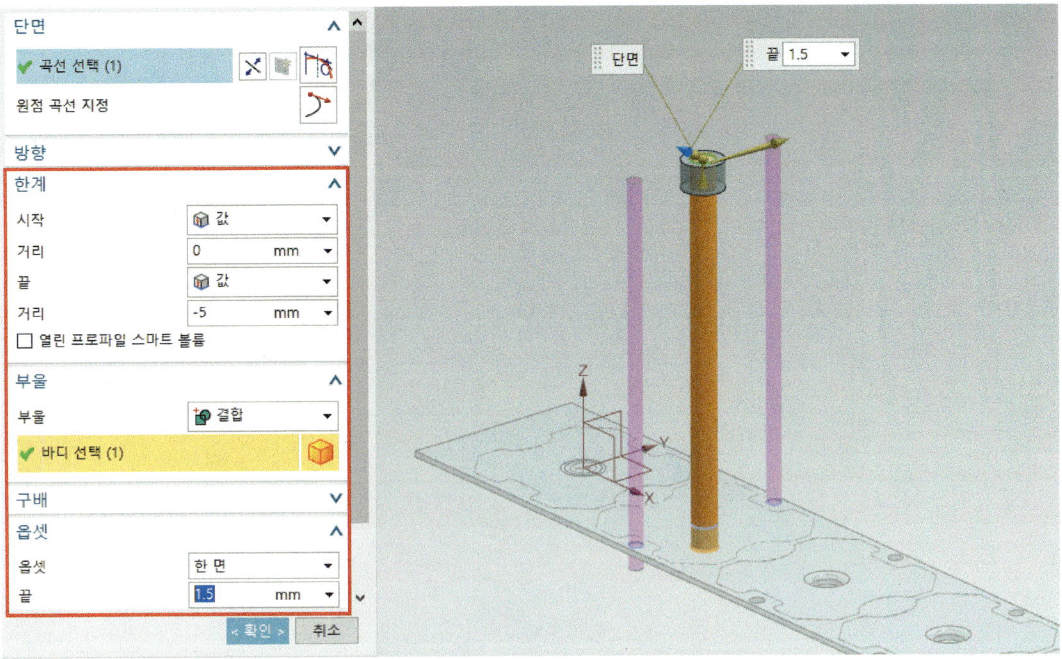

※ 나머지 피어싱 펀치도 위와 동일한 방법으로 턱걸이를 생성해준다.

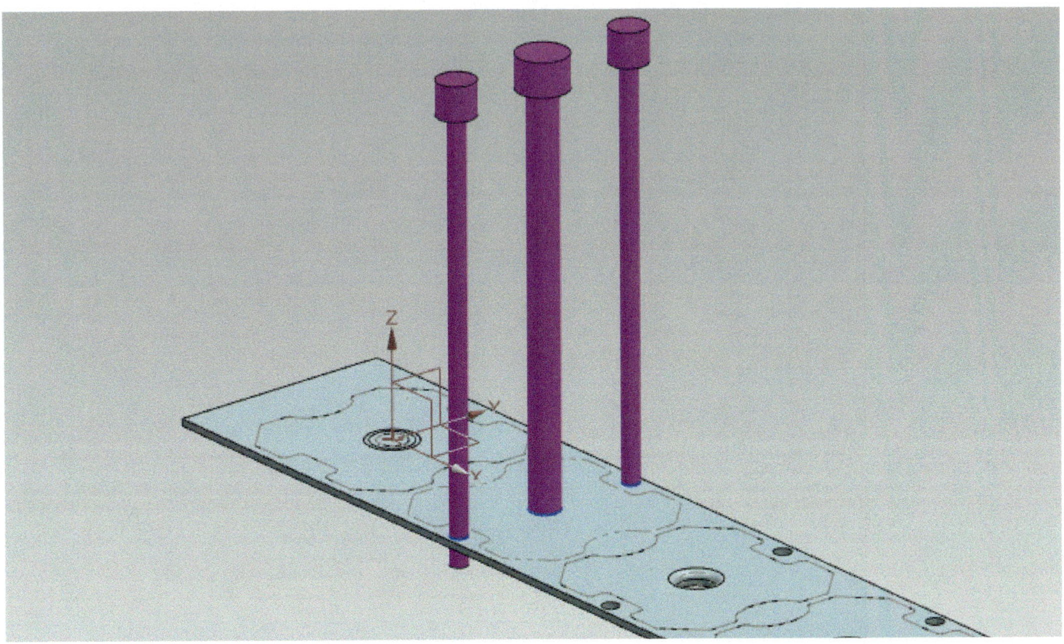

3) 두 번째 공정부터 스트립을 정확하게 위치 결정해주기 위한 파일럿 핀을 생성하기 위해 돌출 아이콘을 클릭, 선택 박스에서 '연결된 곡선' 선택하고, 파일럿 핀 구멍 형상의 윗면 모서리를 선택한 다음, 아래와 같이 입력하고, '확인' 클릭한다.

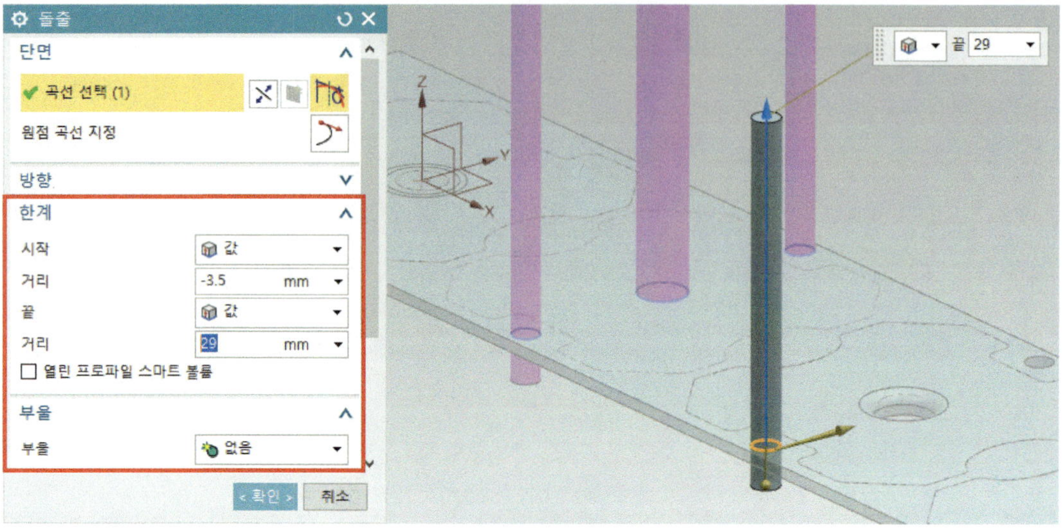

※ 생성한 파일럿 핀은 구분하기 쉽게 'Ctrl+J' 이용, 'Yellow' 색상으로 변경하고, 동기식 모델링의 '면 크기 조정'으로 몸통 크기를 '∅2.5→∅2.45'로 축소한다.

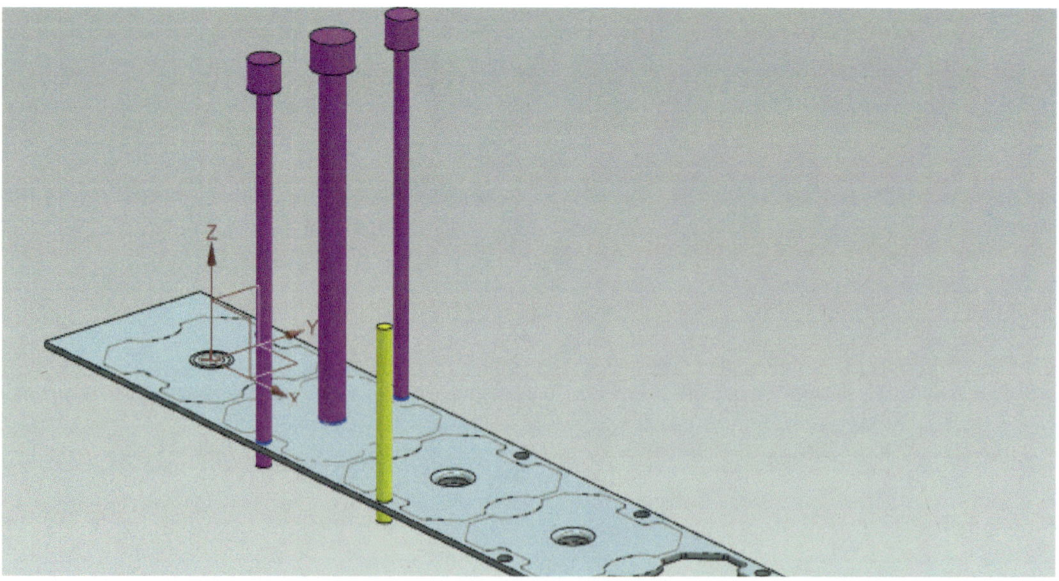

4) 파일럿 핀에 턱걸이(플랜지)를 생성하기 위해 돌출 아이콘을 클릭, 선택 박스에서 '면 모서리' 선택하고, 파일럿 핀의 윗면 모서리를 선택한 다음, 아래와 같이 입력하고, '확인' 클릭한다.

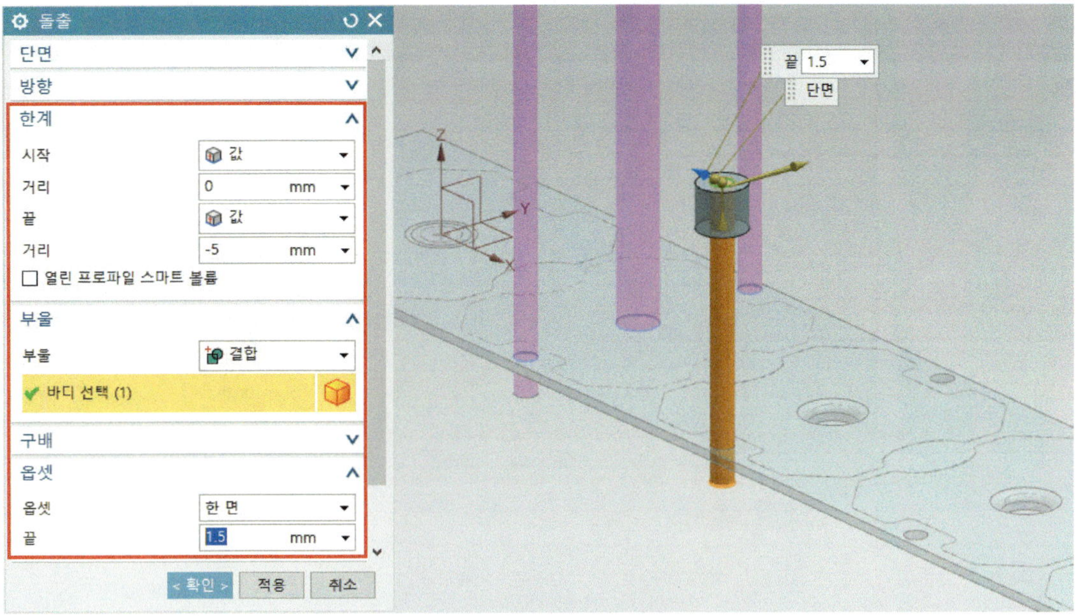

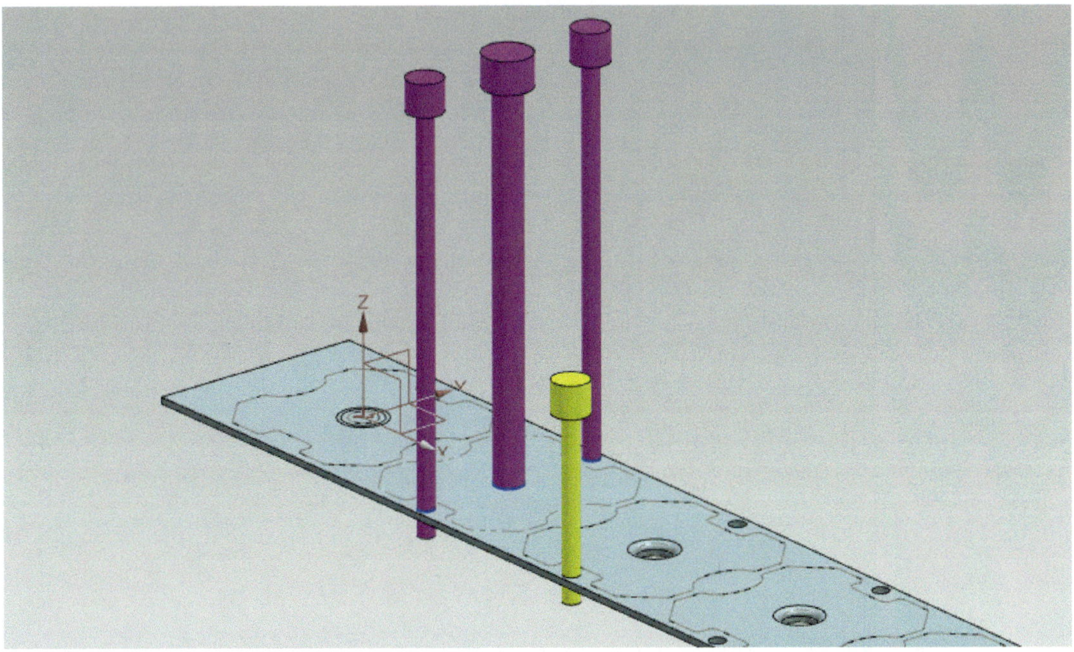

5) 파일럿 핀의 선단부에 테이퍼 형상을 만들어주기 위해 모따기 아이콘을 클릭, 옵셋 그룹에서 단면은 '옵셋 및 각도', 거리는 '2', 각도는 '30° ', 을 입력하고, 파일럿 핀의 선단부 모서리를 선택(드래그)한 다음, 아래와 같이 입력하고, '확인' 클릭한다.

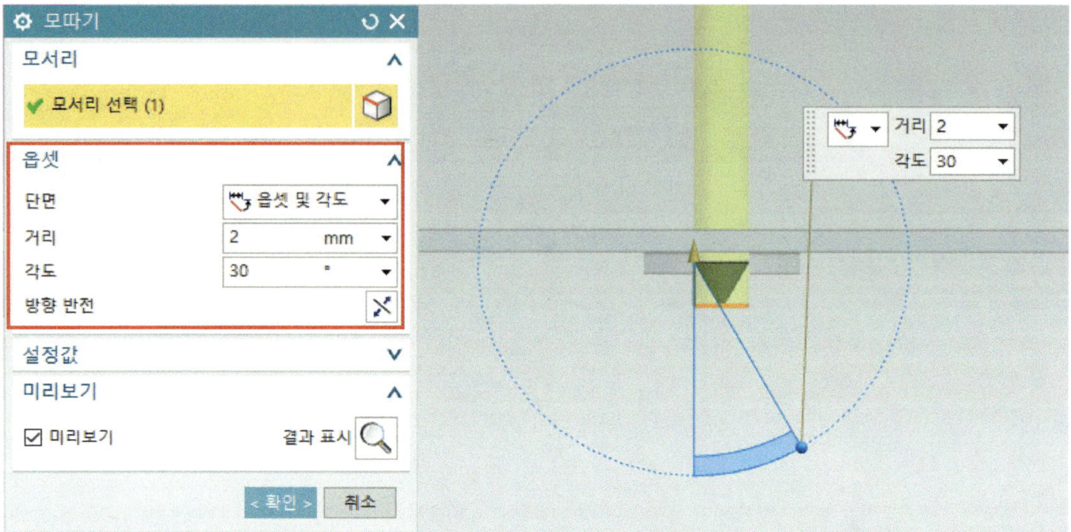

6) 다음은 파일럿 핀의 선단부에 라운드 형상을 만들어주기 위해 모서리 블렌드 아이콘을 클릭, 반경 1에 '3' 입력하고, 5)에서 생성한 모따기 형상을 선택(드래그)한 다음, '확인' 클릭한다.

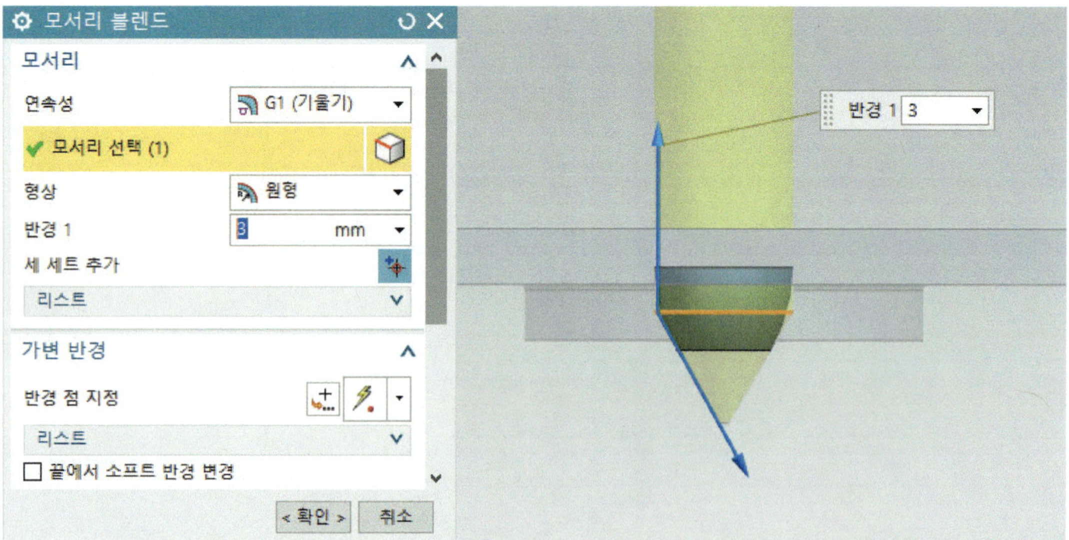

7) 계속해서 파일럿 핀 선단부에 라운드 형상을 만들어 준 다음, 프레스 원소재와 파일럿 핀의 직선 구간의 거리값을 확인하기 위해 아이콘을 클릭, 유형은 '투영거리', 벡터는 'Z축', 선택하고, 아래와 같이 두 점을 찍어서 거리값을 확인한다.

(직선구간 거리 = 재료 두께의 50~70%)

※ 생성한 파일럿 핀의 선단부위를 확인하기 위해 프레스 원소재를 선택한 다음, 'Ctrl+J' 클릭, 반 투명도를 '50% 이상'으로 변경한다.

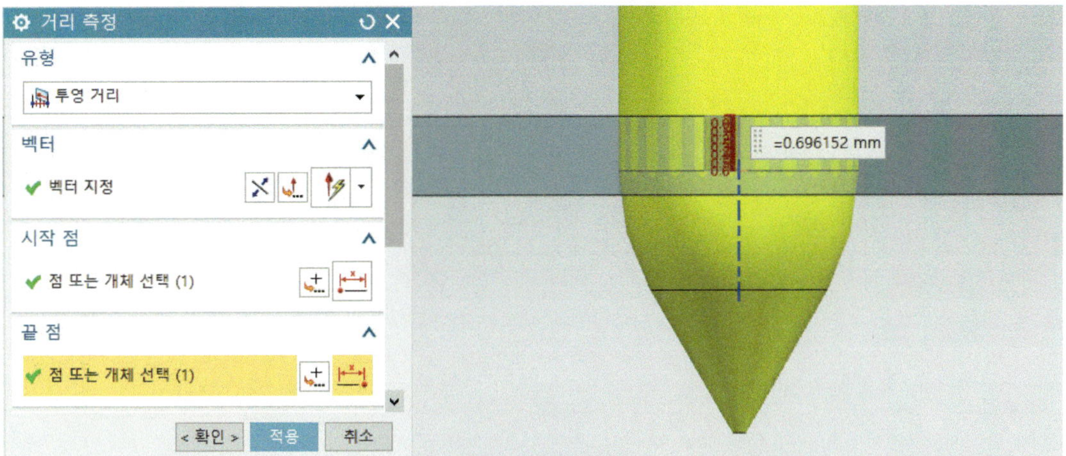

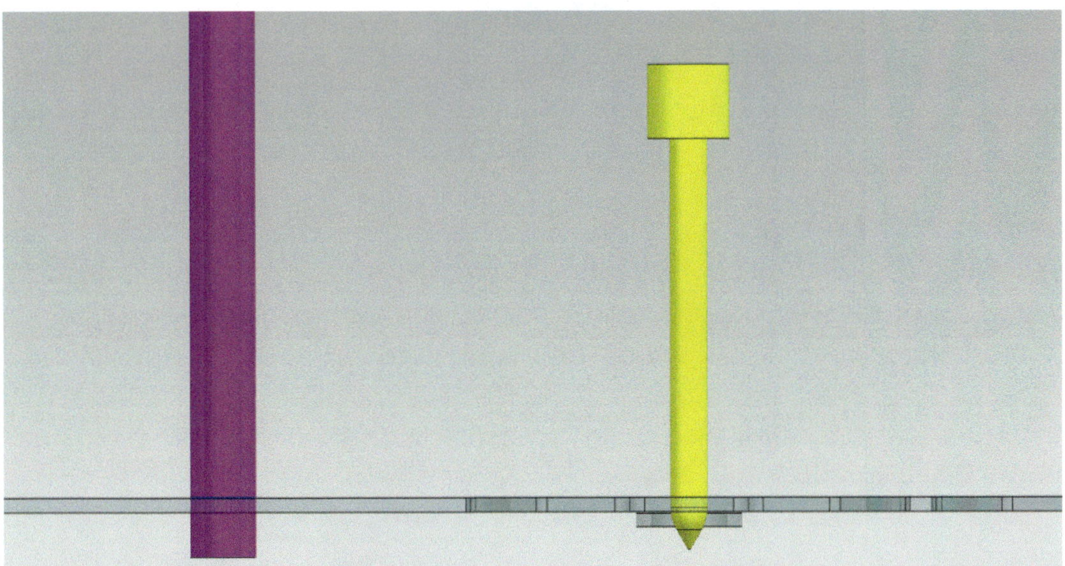

8) 파일럿 핀을 다중 복사하기 위해 '패턴 지오메트리' 아이콘을 클릭, 파일럿 핀을 선택하고, 레이아웃은 '일반', From 점 지정은 생성한 파일럿 핀의 프레스 원소재 중심점 클릭, To 점 지정은 다중 복사할 프레스 원소재의 파일럿 핀 구멍 중심점 선택한 다음, '확인' 클릭한다. (아래 이미지 참조)

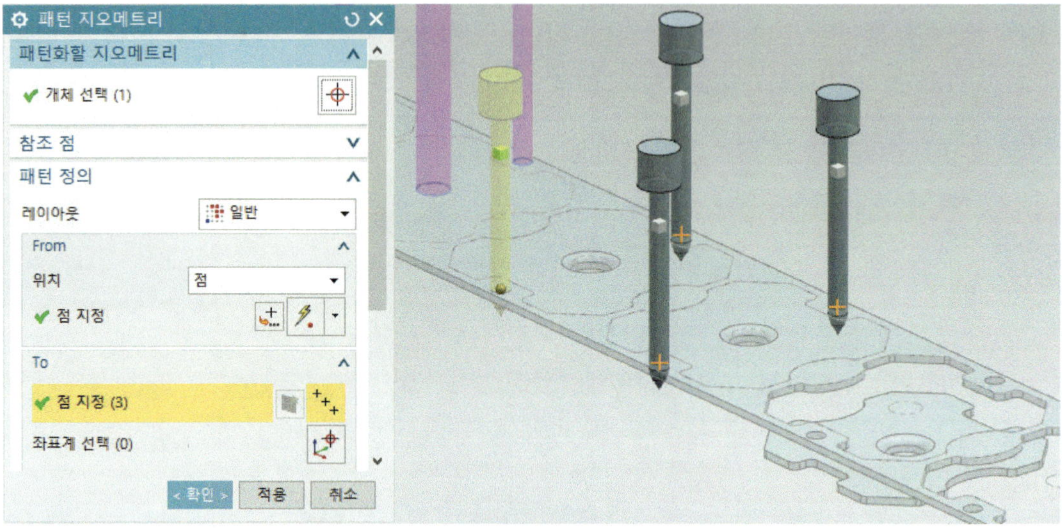

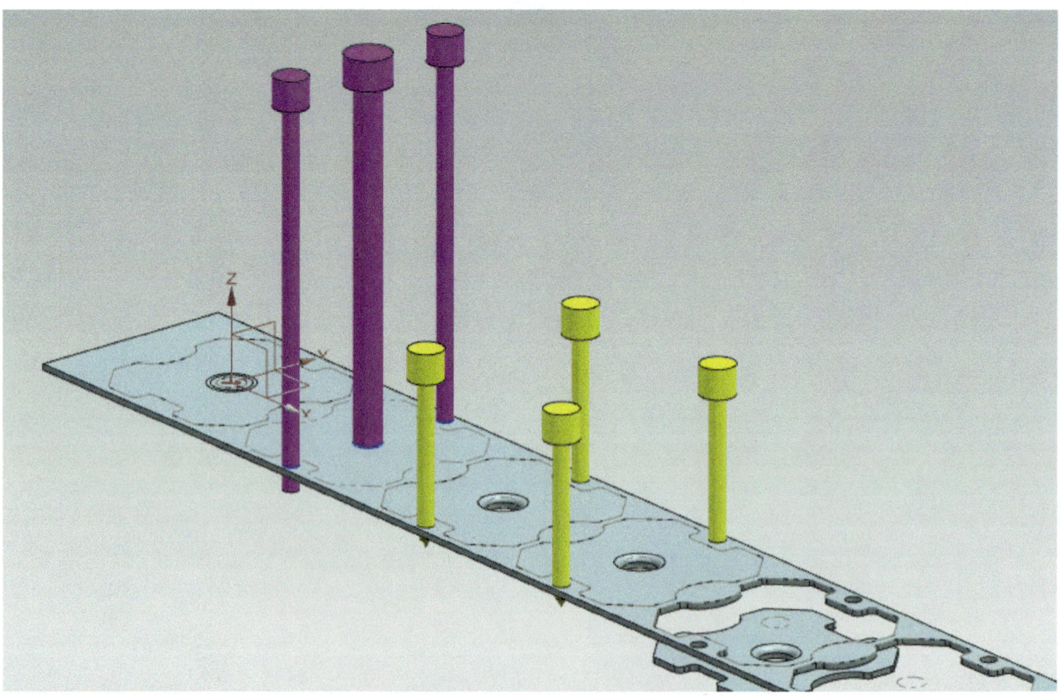

9) 두 번째 버링(Burring) 공정에서는 버링 펀치를 생성하기 위해 돌출 아이콘을 클릭, 선택 박스에서 '연결된 곡선' 선택하고, 버링 구멍 형상의 내측 모서리를 선택한 다음, 아래와 같이 입력하고, '확인' 클릭한다.

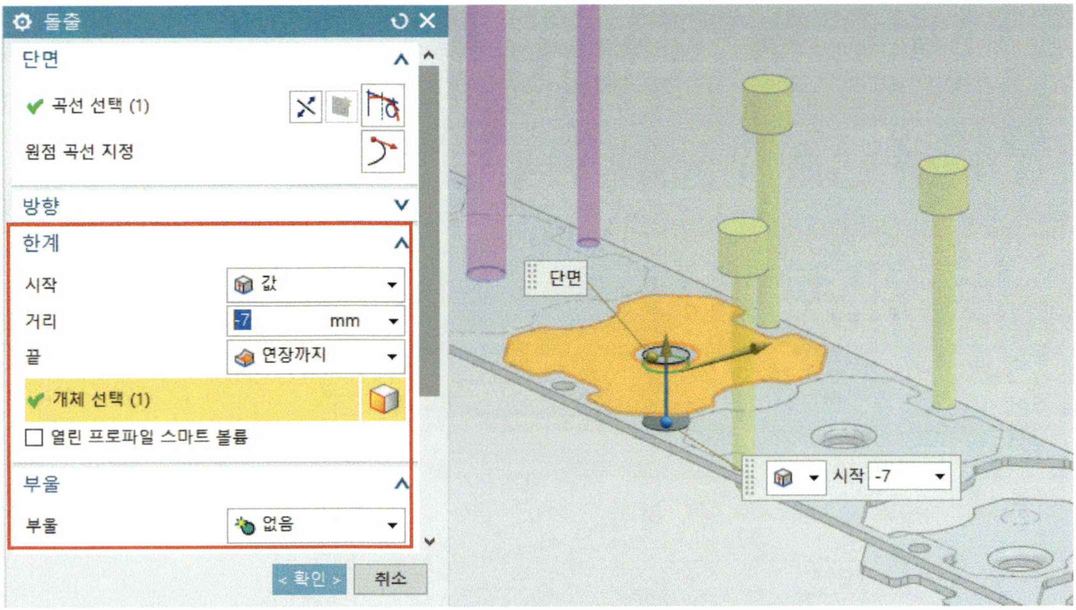

10) 이어서 버링 펀치의 바디를 생성하기 위해 돌출 아이콘을 클릭, 선택 박스에서 '면 모서리' 선택하고, 9)에서 생성한 형상의 윗면을 선택한 다음, 아래와 같이 입력하고, '확인' 클릭한다.

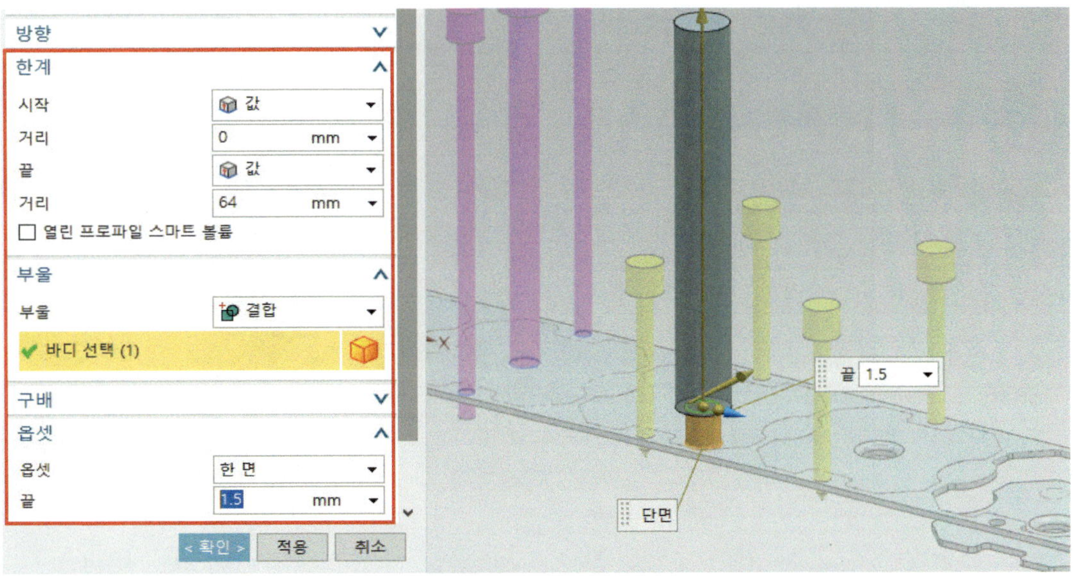

11) 다음은 버링 펀치의 턱걸이를 생성하기 위해 돌출 아이콘을 클릭, 선택 박스에서 '면 모서리' 선택하고, 10)에서 생성한 형상의 윗면을 선택한 다음, 아래와 같이 입력하고, '확인' 클릭한다.

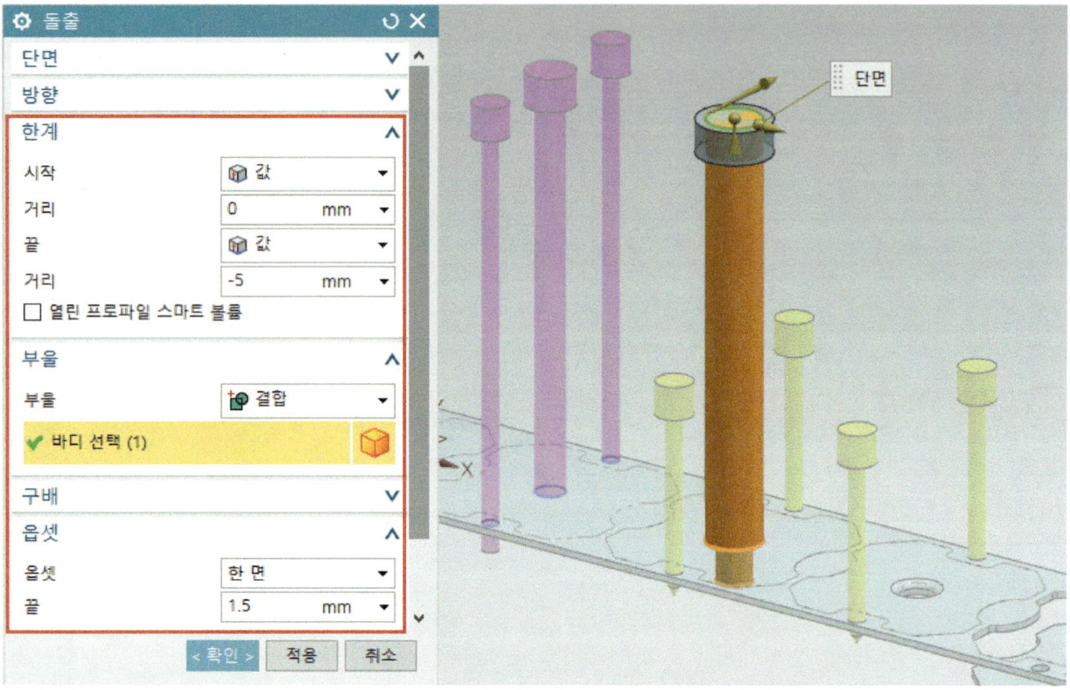

12) 다음은 버링 펀치의 선단부에 테이퍼 형상을 만들어주기 위해 모따기 아이콘을 클릭, 옵셋 그룹에서 단면은 '옵셋 및 각도', 거리는 '3', 각도는 '30°', 을 입력하고, 파일럿 핀의 선단부 모서리를 선택(드래그)한 다음, '확인' 클릭한다.

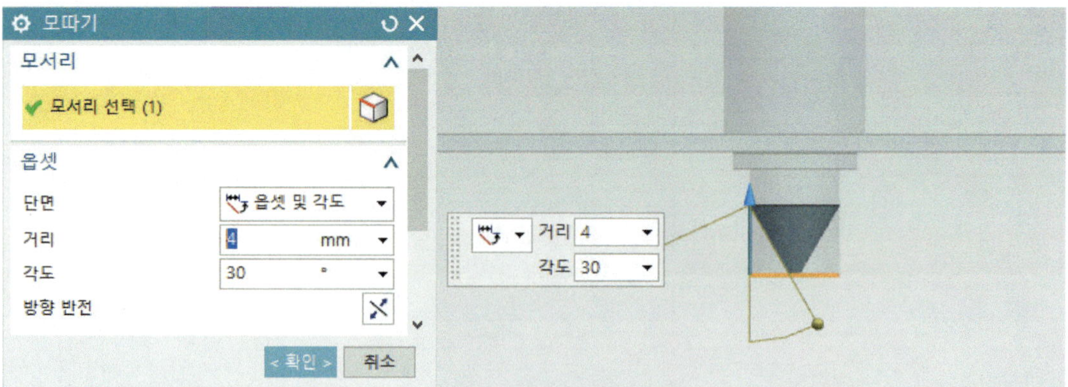

13) 다음은 버링 펀치의 선단부에 라운드 형상을 만들어주기 위해 모서리 블렌드 아이콘을 클릭, 반경 1에 '4' 입력하고, 12)에서 생성한 모따기 형상을 선택(드래그)한 다음, '확인' 클릭한다.

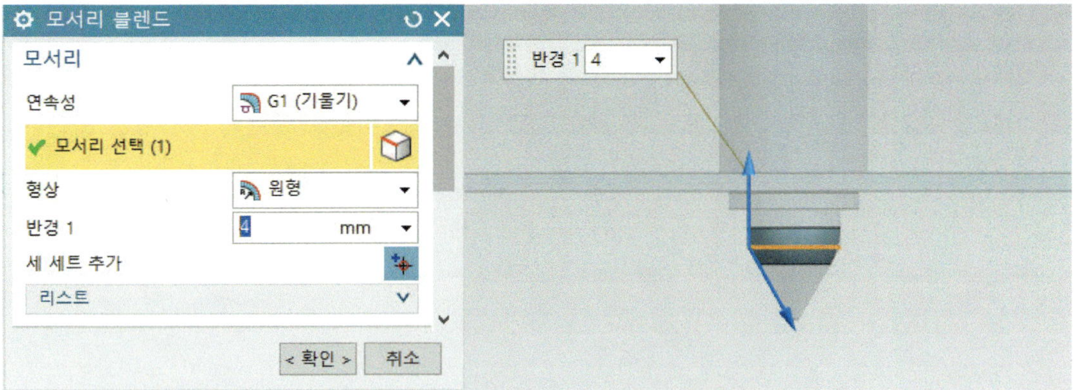

14) 버링 펀치 선단부에 라운드 형상을 만들어준 다음, 제품의 버링 형상을 통과한 버링 펀치의 직선구간 거리값을 확인하기 위해 아이콘을 클릭, 유형은 '투영거리', 벡터는 'Z축' 선택하고, 아래 이미지와 같이 두 점을 찍어서 거리 값을 확인한다.

※ 버링 펀치의 직선구간 거리는 마모를 고려, 최소 '1.0 mm' 이상 필요.

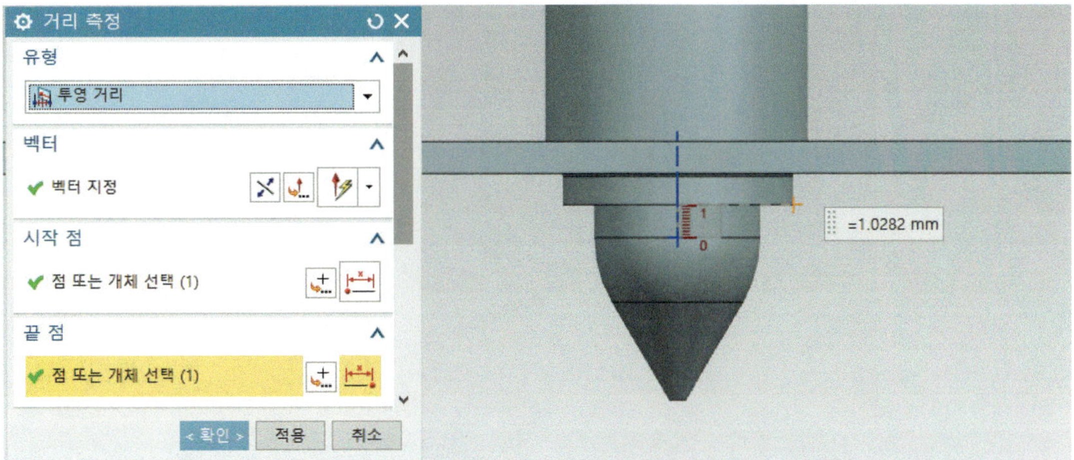

※ 버링 펀치는 구분하기 쉽게, 'Ctrl+J' 이용, 'Orange' 색상으로 변경한다.

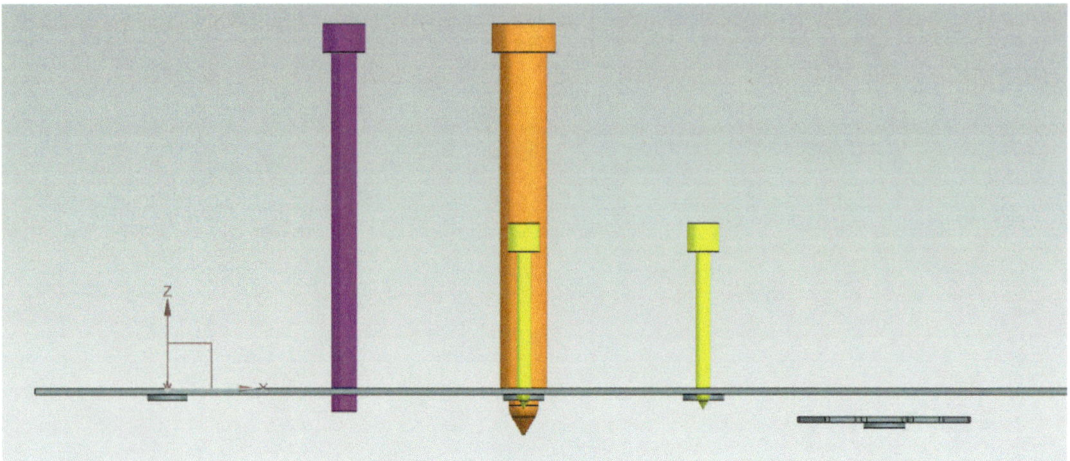

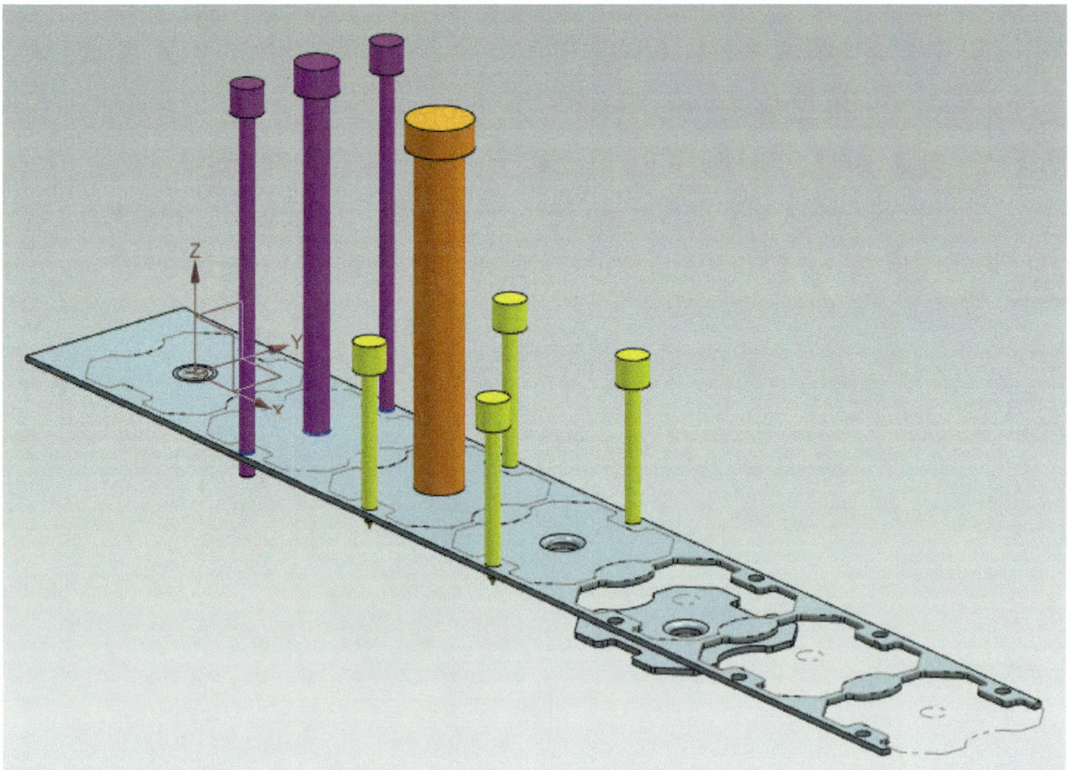

15) 네 번째 블랭킹(Blanking) 공정에서는 블랭킹 펀치를 생성하기 위해 돌출 아이콘을 클릭, 선택 박스에서 '연결된 곡선' 선택하고, 네 번째 공정에서 제품의 외곽 모서리를 선택한 다음, 아래와 같이 입력하고, '확인' 클릭한다.

※ 블랭킹 가공의 경우, 제품 치수는 다이 치수와 동일하므로 펀치 치수는 다이 치수에서 클리어런스만큼 작게 만들어 주어야 한다.

※ 클리어런스는 '5%' 적용 시, 편측 클리어런스 값은 0.05 = t1 * 0.05

※ 블랭킹 펀치는 구분하기 쉽게, 'Ctrl+J' 이용, 'Magenta' 색상으로 변경하고, 제품 형상은 '바디 삭제' 아이콘을 이용, 제거한다.

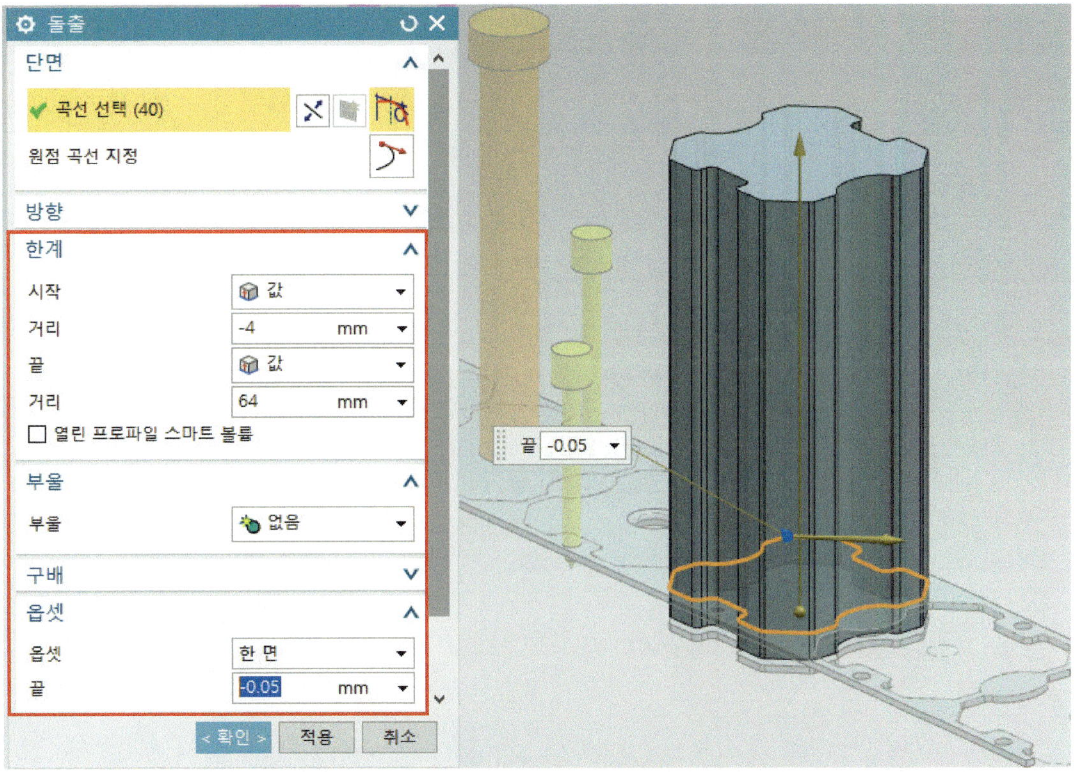

16) 여섯 번째 스크랩 컷팅(Scrap Cutting) 공정에서는 컷팅 펀치를 생성하기 위해 '스케치' 아이콘을 클릭, 프레스 원소재 상면을 평면으로 설정하고, 아래와 같이 스케치한 다음, '스케치 종료' 클릭한다.

※ 먼저 블랭킹 공정에서 다이 플레이트 외곽까지의 치수를 결정하기 위해서는 먼저 다이 플레이트 두께(H)를 결정해야 한다.

- 전단력(P) = L(전단길이) × t(재료 두께) × τ(전단 저항)
  = 149.5 × 1.0 × 32.0
  = 4,784 kgf

- 다이 플레이트 두께(H): 30.0 ㎜
  = k × $\sqrt[3]{P}$, 여기서 k는 상수(1.3~1.5), P는 전단력
  k: 1.37 = 전단 길이가 150~300.0 ㎜
  k: 1.50 = 전단 길이가 300~500.0 ㎜
  = 1.3 × $\sqrt[3]{4,784}$
  = 21.9 mm (다이 플레이트 두께는 30.0으로 결정한다.)

※ 따라서, 외곽까지의 치수는 '45.0'으로 결정, (45 = 30 * 1.5)

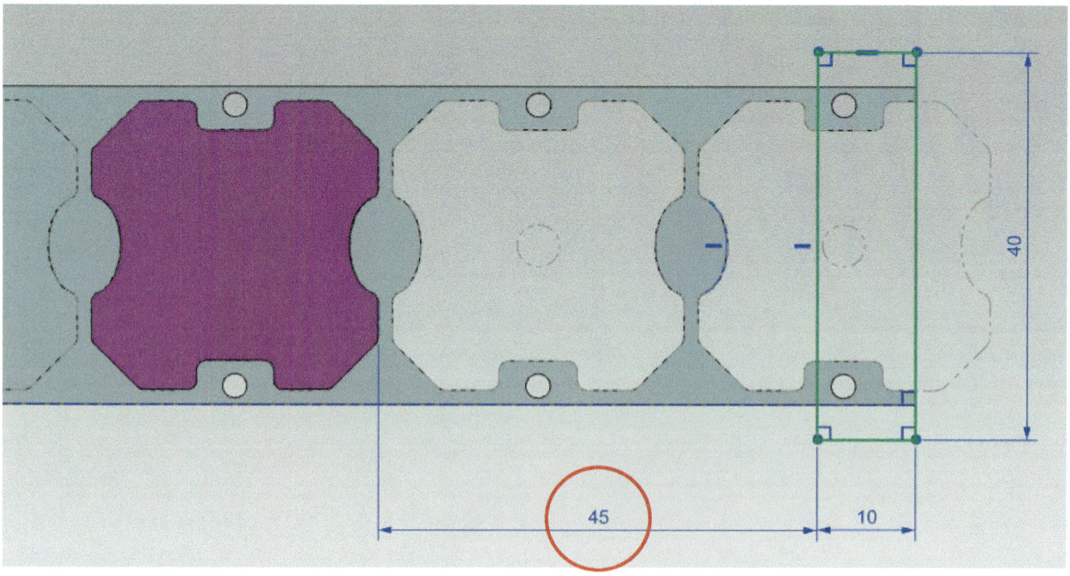

17) 이어서 스크랩 컷팅(Scrap Cutting) 펀치에 대한 스케치가 완료되면, 돌출 아이콘을 클릭, 선택 박스에서 '연결된 곡선' 선택하고, 16)에서 생성한 스케치를 선택한 다음, 아래와 같이 입력하고, '확인' 클릭한다.

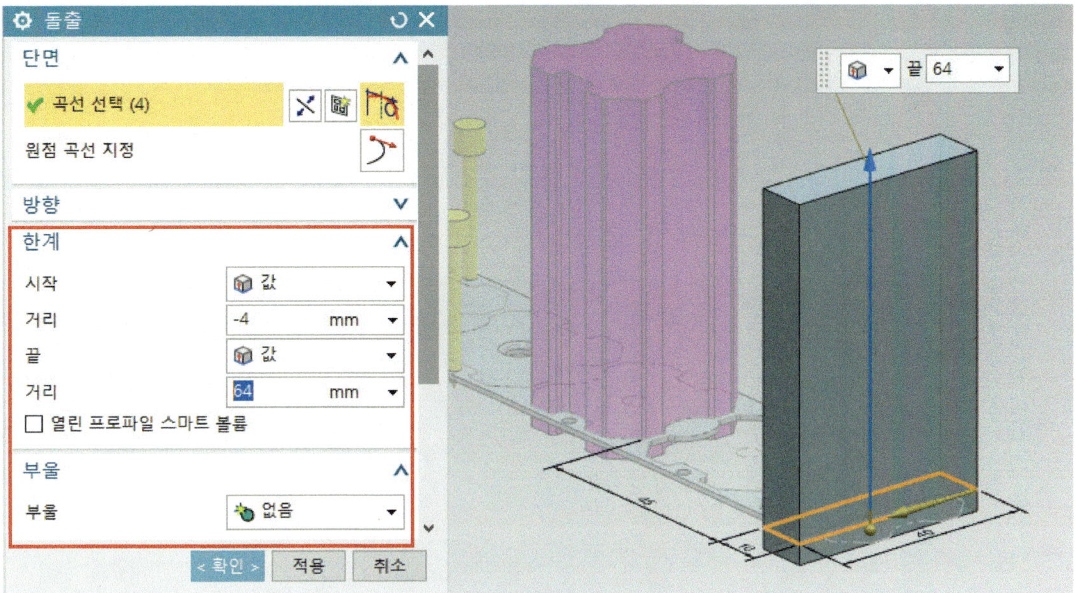

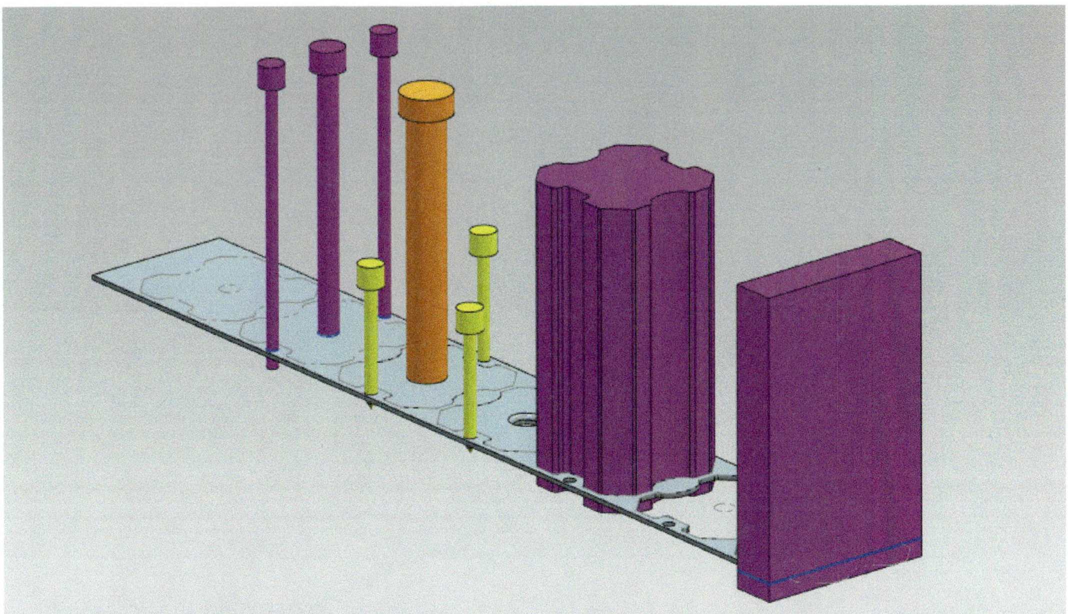

※ 생성한 펀치는 구분하기 쉽게 "Ctrl+J" 이용, 'Magenta' 색상으로 변경한다.

18) 총 6공정으로 설계된 스트립 레이아웃의 펀치 및 파일럿 핀 설계 완료

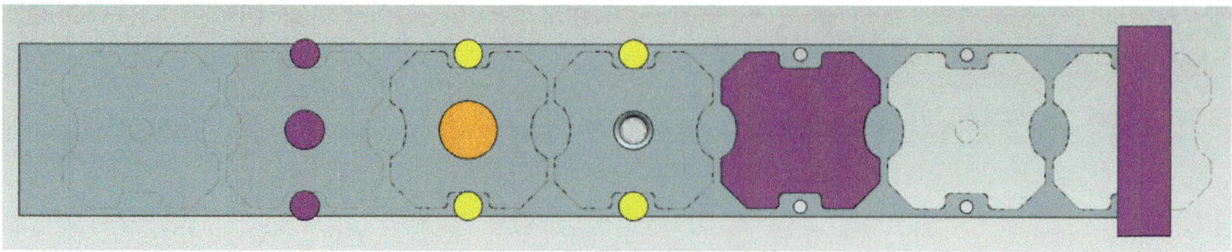

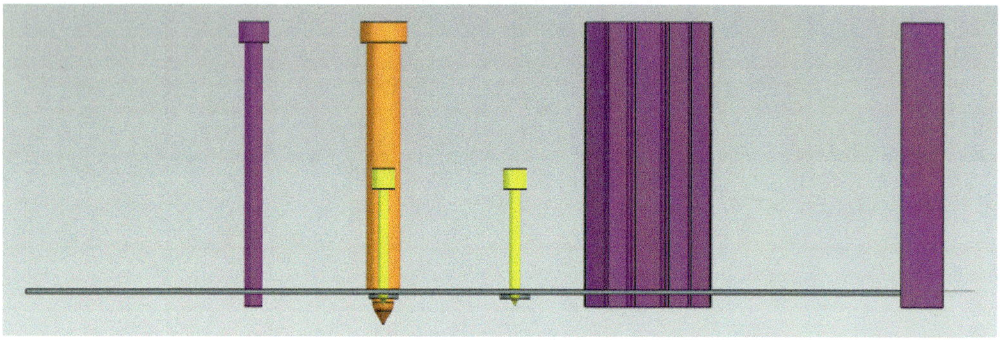

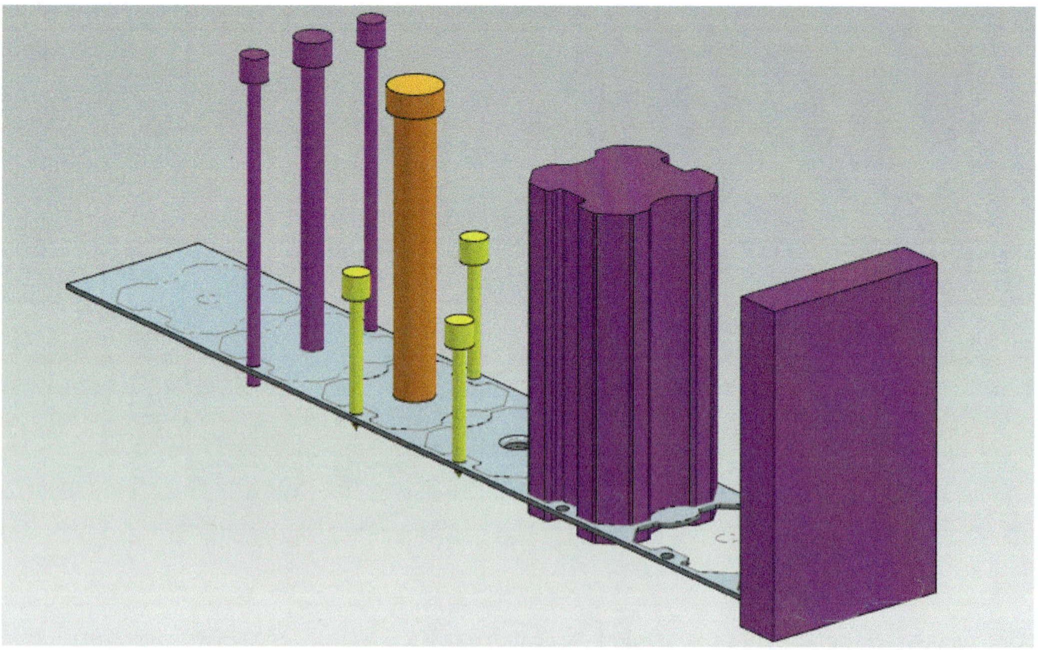

3.4 다이편 설계하기

1) 본 금형에서는 피어싱, 블랭킹, 스크랩 컷팅 공정은 분할하지 않고, 버링 공정만 분할한다. 따라서 버링 다이편을 생성하기 위해 돌출 아이콘을 클릭, 선택 박스에서 '면 모서리' 선택하고, 제품의 버링 형상 외측 바닥 면을 선택한 다음, 아래와 같이 입력하고, '확인' 클릭한다.

※ 버링 형상의 외측 바닥면이 잘 보이도록 스트립 레이아웃을 회전한다.

※ 버링 다이편의 두께는 다이 플레이트 두께와 동일하게 '30'으로 적용한다.

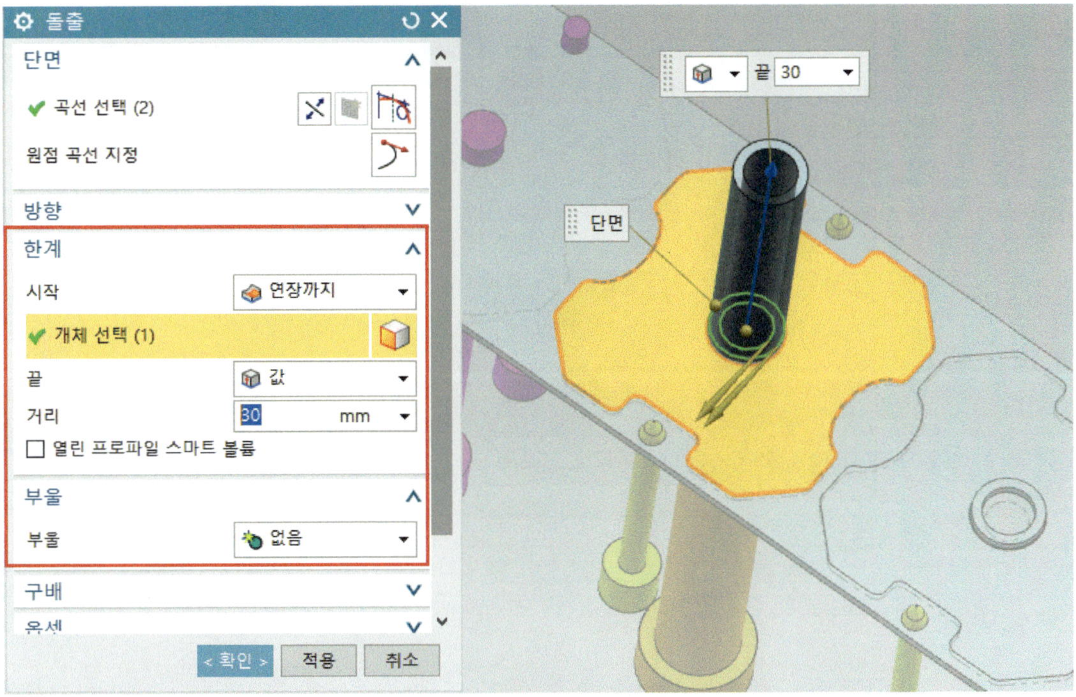

2) 이어서 돌출한 버링 다이편의 내, 외경 치수를 결정하기 위해 면 크기 조정 아이콘을 클릭, 1)에서 생성한 형상의 외경을 선택한 다음, 크기 항목에서 직경에 '16', 입력한 후 '적용' 클릭하고, 이어서 내경을 선택한 다음, 직경에 '7.16', 입력하고, '확인' 클릭한다.

※ 버링 다이편의 내경치수는 버링 제품의 외경치수와 동일하게 적용한다.

※ 버링 다이편은 구분하기 쉽게 'Ctrl+J' 이용, 'Blue' 색상으로 변경하고, 버링 내측이 잘 보이도록, 반 투명도를 '50%' 정도로 변경한다.

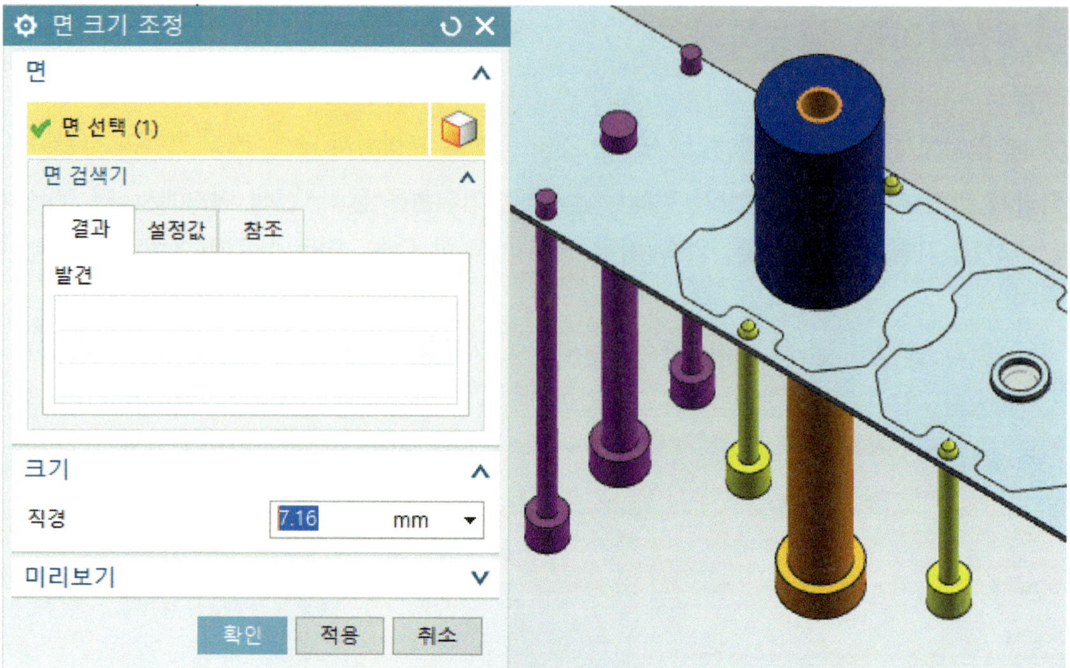
면 크기 조정
면
면 선택 (1)
면 검색기
결과
설정값
참조
발견
크기
직경
7.16
mm
미리보기
확인
적용
취소

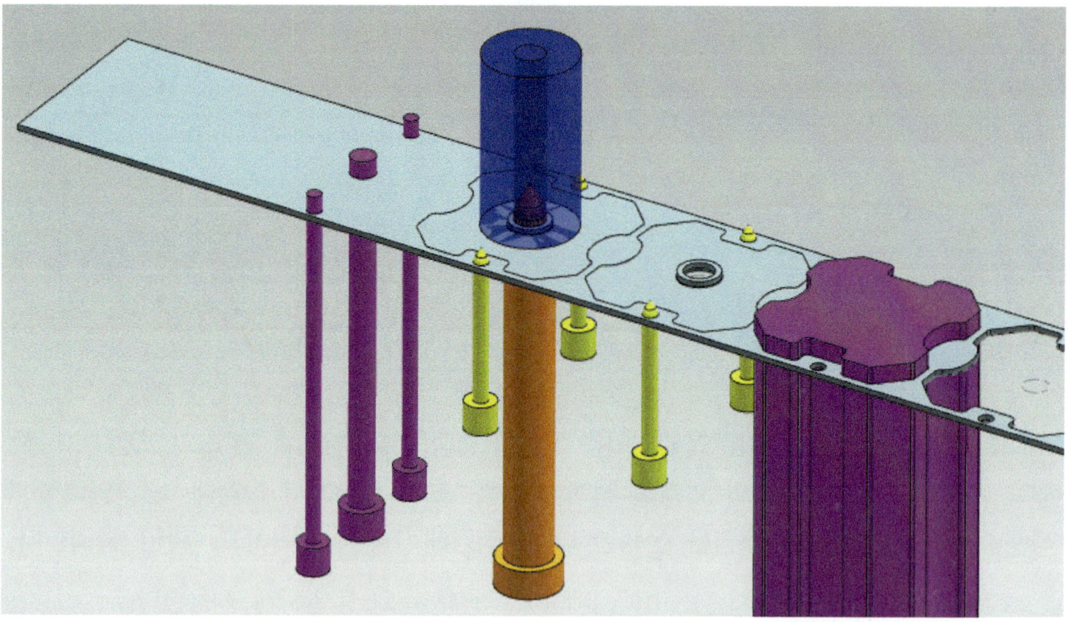

3) 다음은 버링 다이편의 턱걸이를 생성하기 위해 돌출 아이콘을 클릭, 선택 박스에서 '면 모서리' 선택하고, 2)에서 생성한 형상의 바닥 면을 선택한 다음, 아래와 같이 입력하고, '확인' 클릭한다.

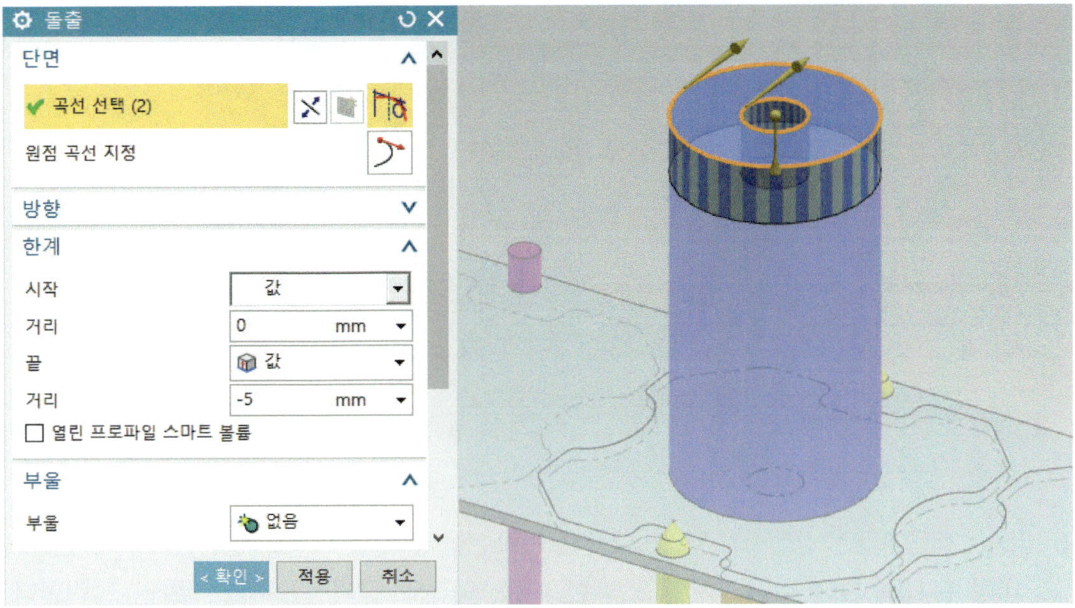

4) 돌출한 턱걸이 형상의 치수를 결정하기 위해 면 크기 조정 아이콘을 클릭, 3)에서 생성한 형상의 외경을 선택한 다음, 크기 항목에서 직경에 '20', 입력하고, '확인' 클릭한다.

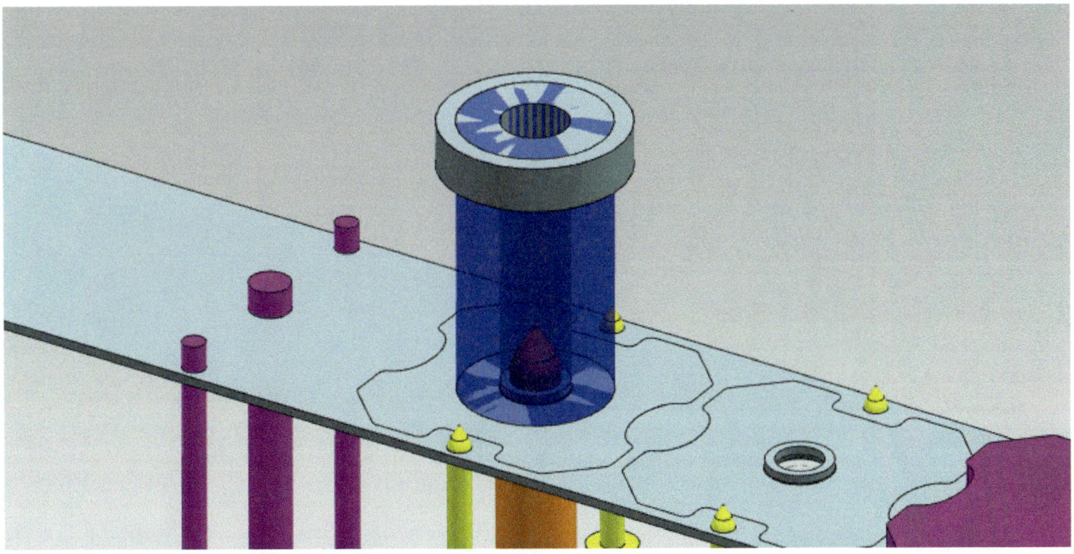

5) 버링 다이편에 턱걸이 형상을 결합하기 위해 결합 아이콘을 클릭, 타깃 바디 선택에서 버링 다이편을 선택하고, 공구 바디 선택에서 턱걸이 형상을 선택한 다음, '확인' 클릭한다.

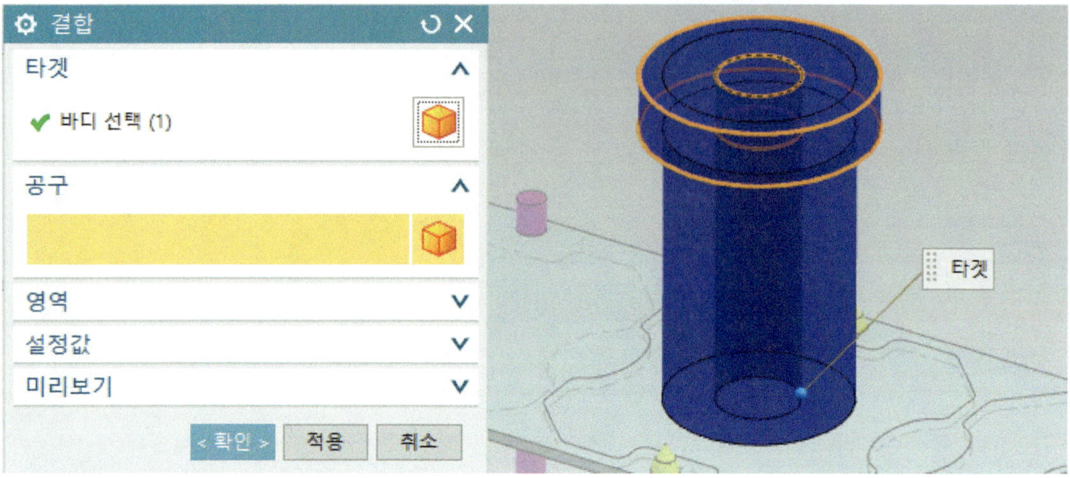

6) 다음은 버링 밀핀을 생성하기 위해 돌출 아이콘을 클릭, 선택 박스에서 '면 모서리' 선택하고, 버링 펀치의 선단 부위 평면을 선택한 다음, 아래와 같이 입력하고, '확인' 클릭한다.

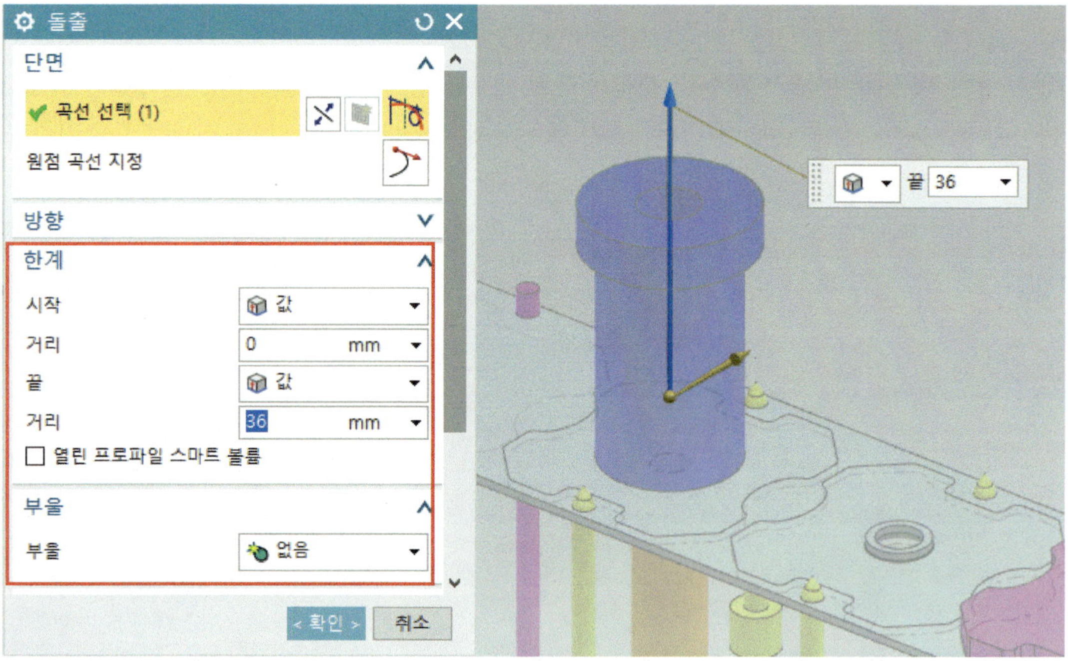

7) 돌출한 버링 밀핀의 치수를 결정하기 위해 면 크기 조정 아이콘을 클릭, 6)에서 생성한 형상의 외경을 선택한 다음, 크기 항목에서 직경에 '7.16', 입력하고, '확인' 클릭한다.

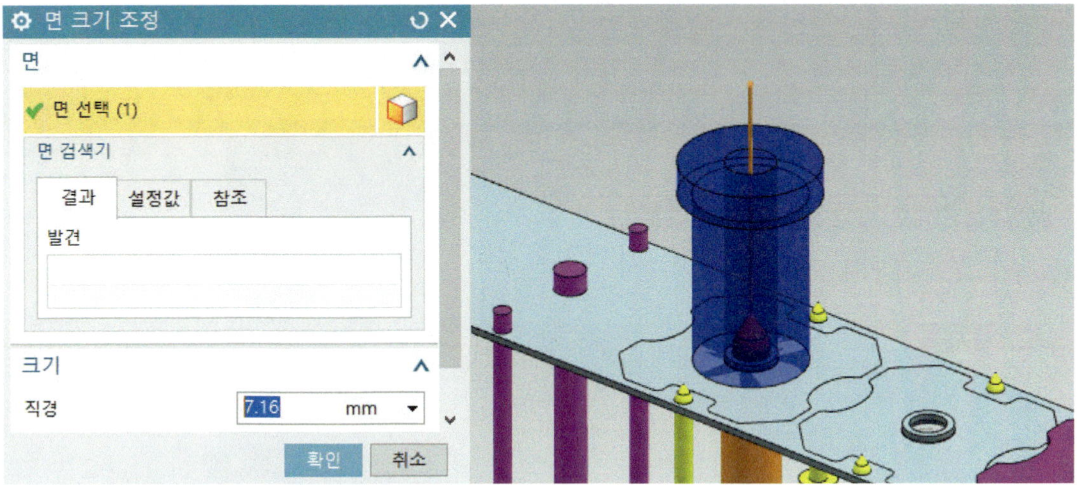

8) 다음은 버링 밀핀의 턱걸이를 생성하기 위해 돌출 아이콘을 클릭, 선택 박스에서 '면 모서리' 선택하고, 7)에서 생성한 형상의 바닥 면을 선택한 다음, 아래와 같이 입력하고, '확인' 클릭한다.

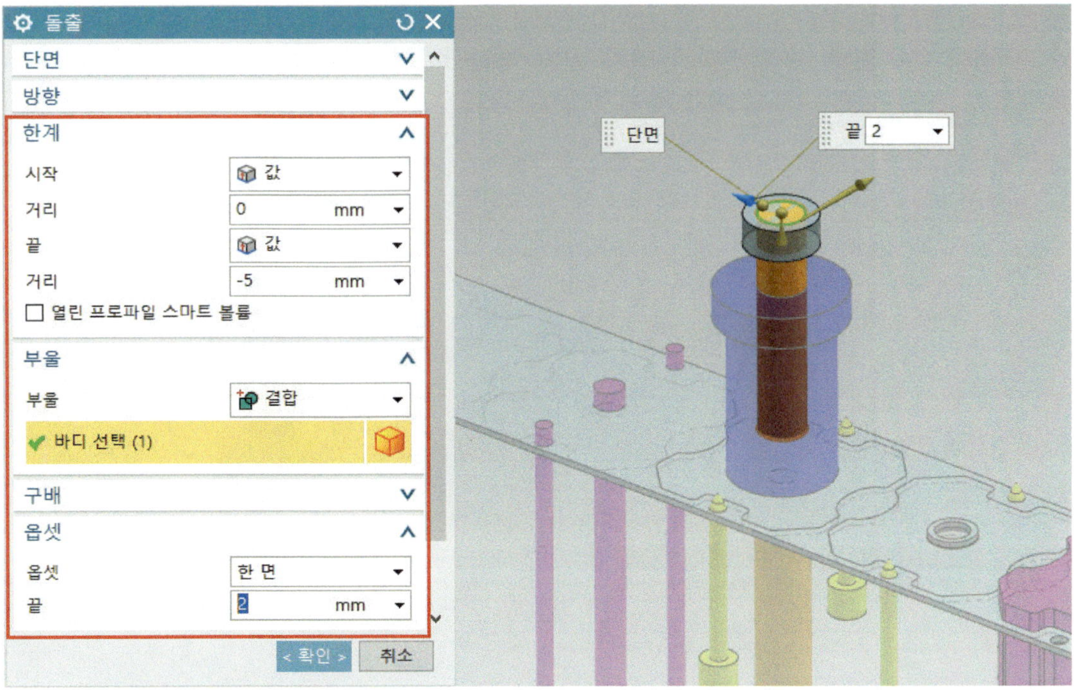

9) 버링 밀핀의 작동거리값을 확인하기 위해 아이콘을 클릭, 유형은 '투영거리', 벡터는 'Z축' 선택하고, 아래와 같이 두 점을 찍어서 거리값을 확인한다.

※ 버링 밀핀은 구분하기 쉽게 'Ctrl+J' 이용, 'Pink' 색상으로 변경한다.

※ 버링 제품 바닥 면부터 버링 밀핀 상면까지의 거리는 7.1로 확인된다.

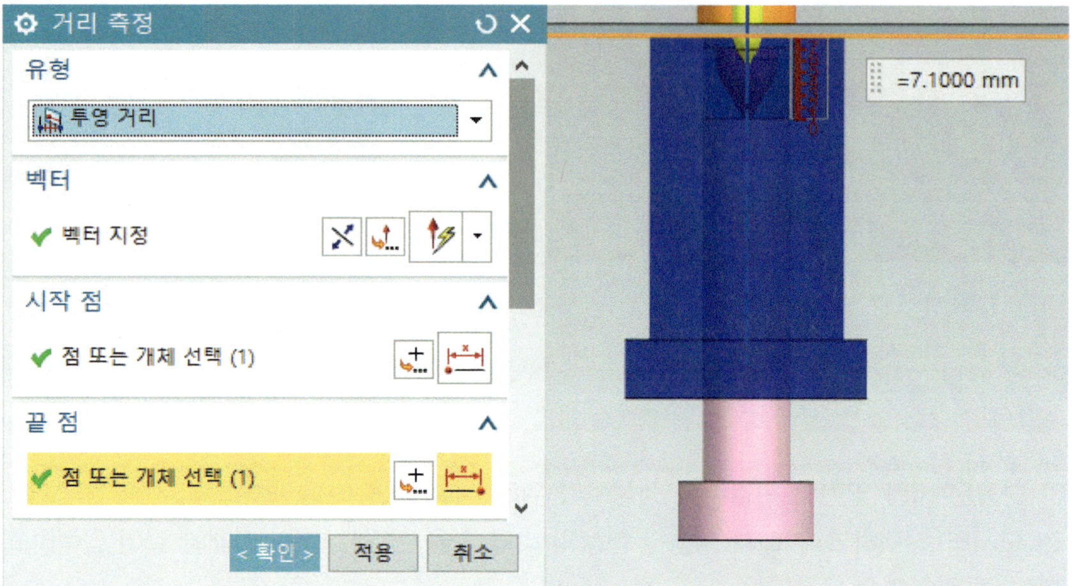

※ 버링 다이편의 바닥 면부터 버링 밀핀 턱걸이까지의 거리도 7.1로 확인된다.

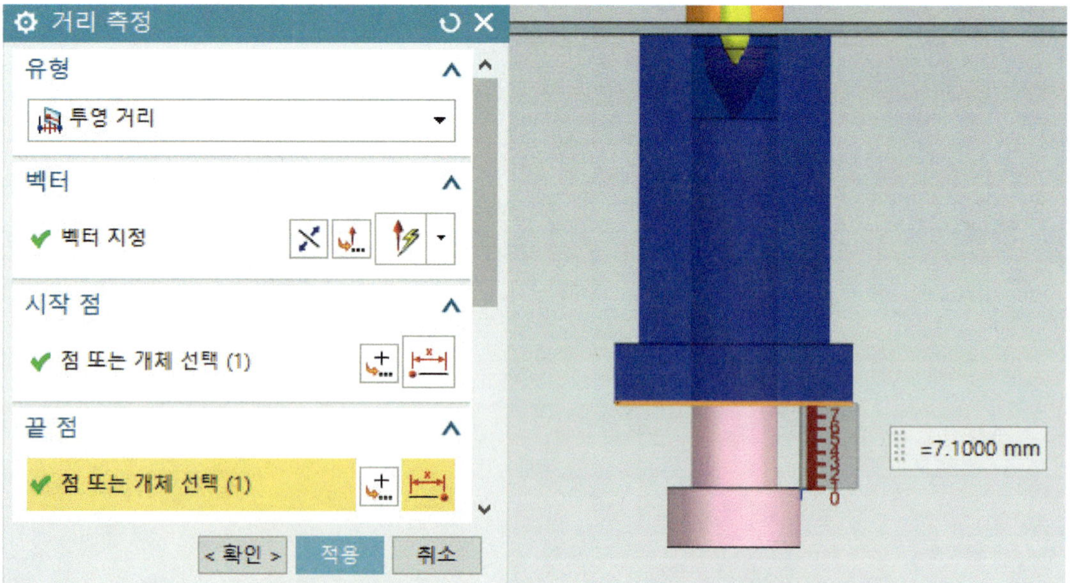

10) 버링 다이편 및 버링 밀핀 설계 완료

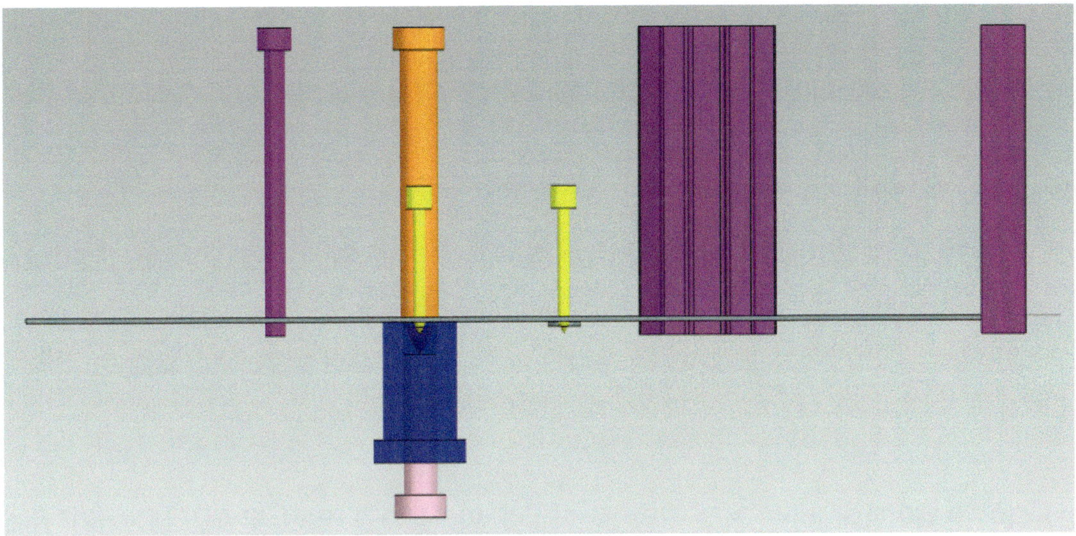

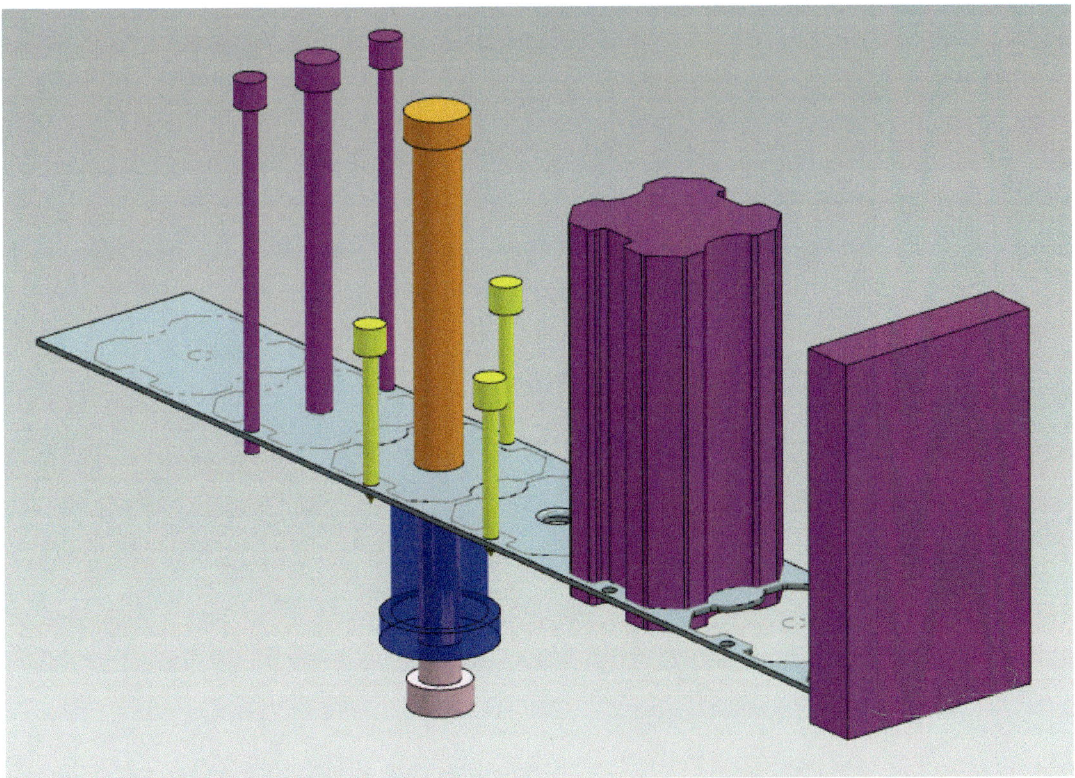

3.5 제품 및 칩 배출구 설계하기

※ 프레스금형에서 피어싱, 블랭킹, 컷팅 등의 전단가공을 위해서는 다이 플레이트에 인선(날) 부위를 만들어 주어야 하며, 인선 부위 길이는 보통 3~5 mm 정도이며, 클리어런스(0.05)를 적용하여 인선과 이번 각(1°)을 만들어 준다.

※ 다이 배킹 플레이트는 다이 플레이트를 통과한 제품과 칩이 걸림 없이 잘 배출될 수 있도록 편측으로 1 mm 정도 크게 옵셋하여 배출구를 만들어준다.

※ 하구멍더는 다이 배킹 플레이트를 통과한 제품과 칩이 걸림 없이 잘 배출될 수 있도록 편측으로 1 mm 정도 옵셋하여 배출구를 만들어준다.

1) 다이 플레이트에 '버링 기초 구멍 및 파일럿 피어싱가공' 인선 부위를 생성하기 위해 돌출 아이콘을 클릭, 선택 박스에서 '연결된 곡선' 선택한 다음, 스트립 레이아웃 아랫면의 피어싱 구멍 3개소의 모서리를 선택하고, 아래와 같이 입력한 다음, '확인' 클릭한다.

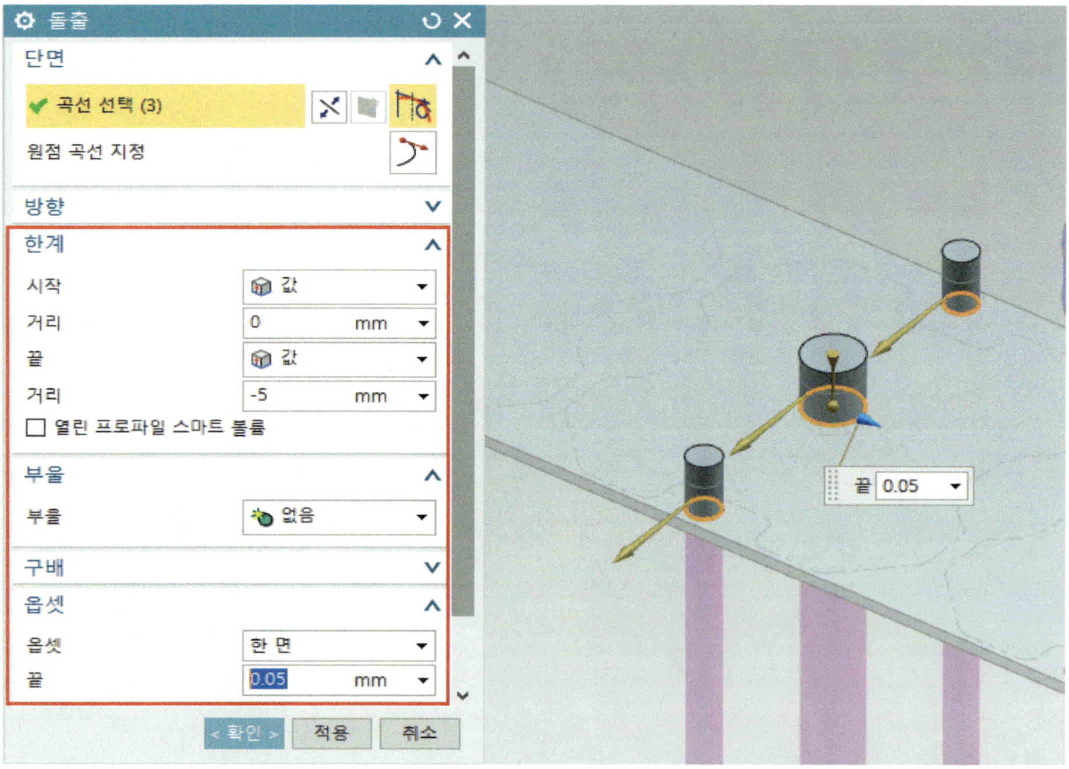

2) 다이 플레이트에 버링 기초구멍 및 파일럿 피어싱가공 이번각을 생성하기 위해  돌출 아이콘을 클릭, 선택 박스에서 '면 모서리' 선택한 다음, 1)에서 돌출한 원형 형상의 평면을 선택하고, 아래와 같이 입력한 다음, '확인' 클릭한다.

※ 다이 플레이트 두께는 '30', 다이 배킹 플레이트 두께는 '15', 하구멍더 두께는 '55' 적용한다.

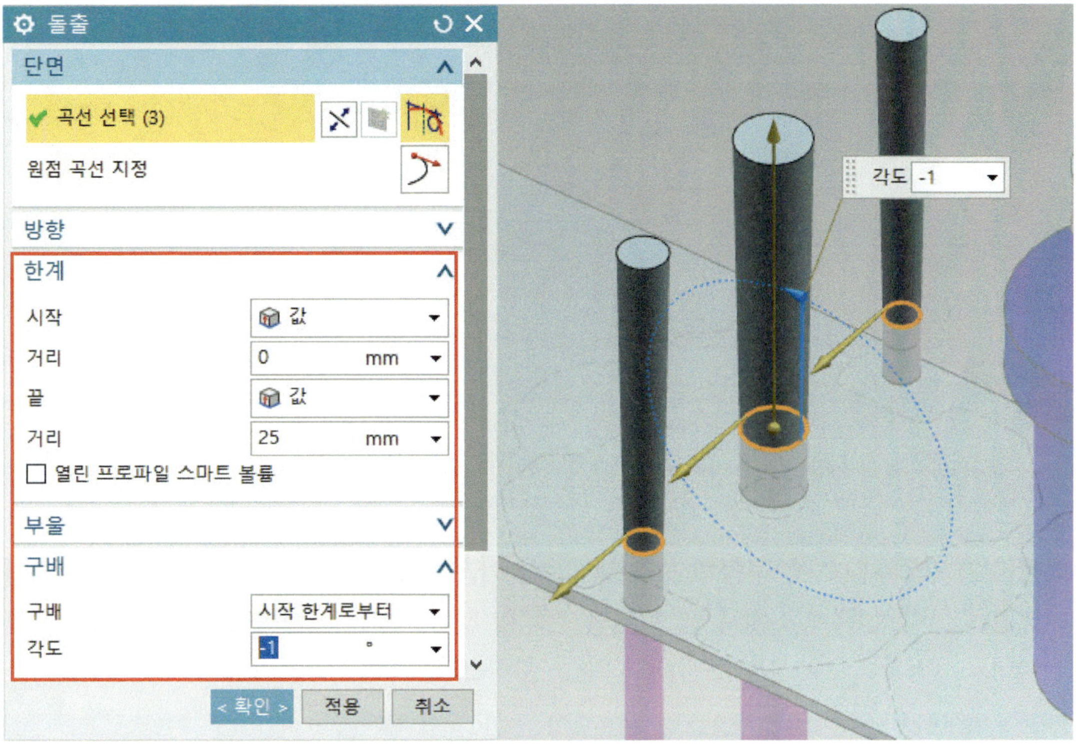

3) 다이 배킹 플레이트에 버링 기초 구멍 및 파일럿 피어싱가공 칩 배출구를 생성하기 위해 돌출 아이콘을 클릭, 선택 박스에서 '면 모서리' 선택한 다음, 2)에서 돌출한 원형 형상의 평면을 선택하고, 아래와 같이 입력한 다음, '확인' 클릭한다.

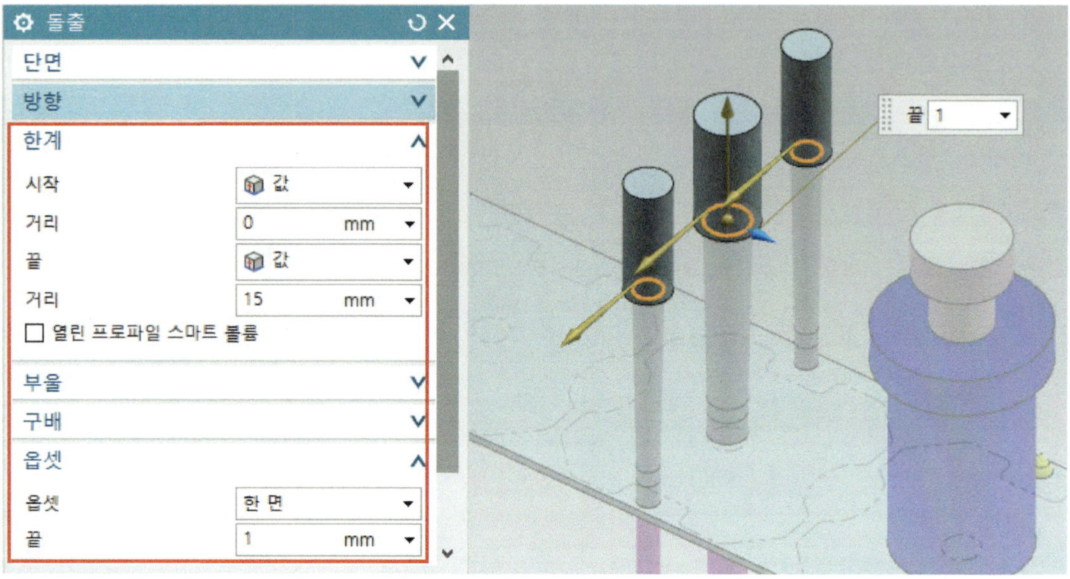

4) 하구멍더에 버링 기초 구멍 및 파일럿 피어싱가공 칩 배출구를 생성하기 위해 돌출 아이콘을 클릭, 선택 박스에서 '면 모서리' 선택한 다음, 3)에서 돌출한 원형 형상의 평면을 선택하고, 아래와 같이 입력한 다음, '확인' 클릭한다.

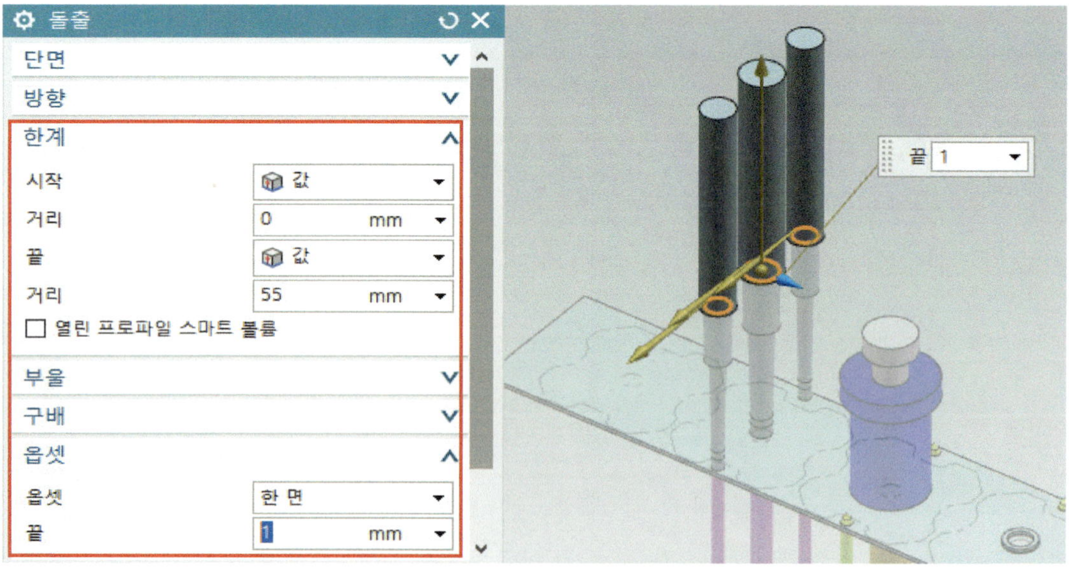

5) 버링 기초 구멍 및 파일럿 피어싱가공 칩 배출구 형상을 결합하기 위해 결합 아이콘을 클릭, 결합할 돌출 형상 4개소를 순서대로 선택한 다음, '확인' 클릭한다.

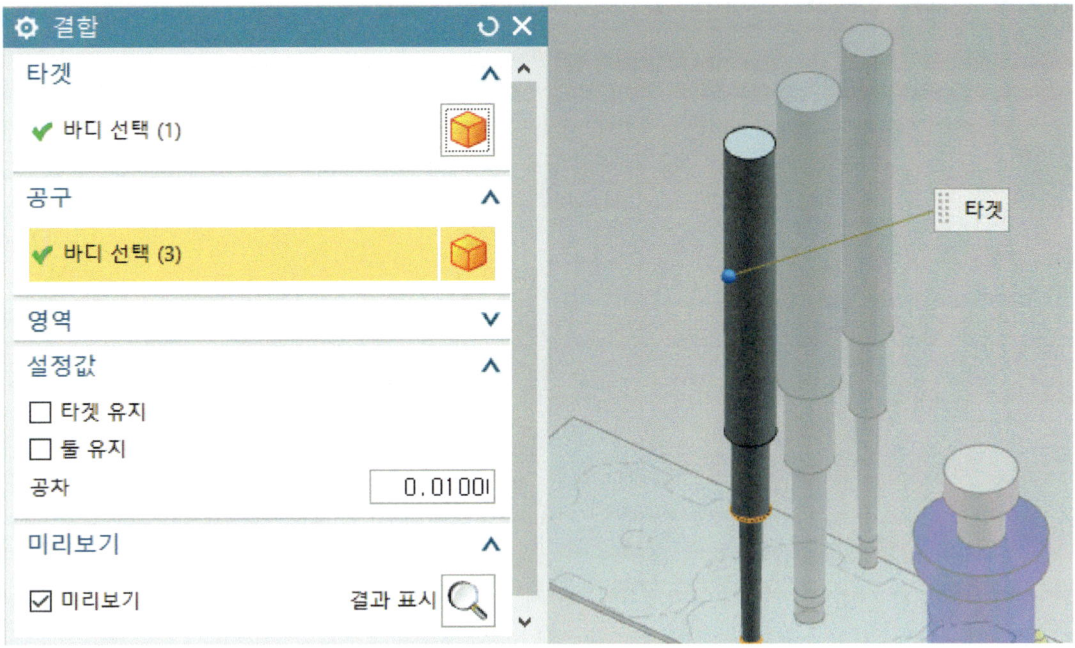

※ 나머지 칩 배출구도 위와 동일한 방법으로 결합해 준 다음, 색상은 'Yellow', 선의 형식은 '이점 쇄선', 반 투명도는 '50%' 정도로 조정한다.

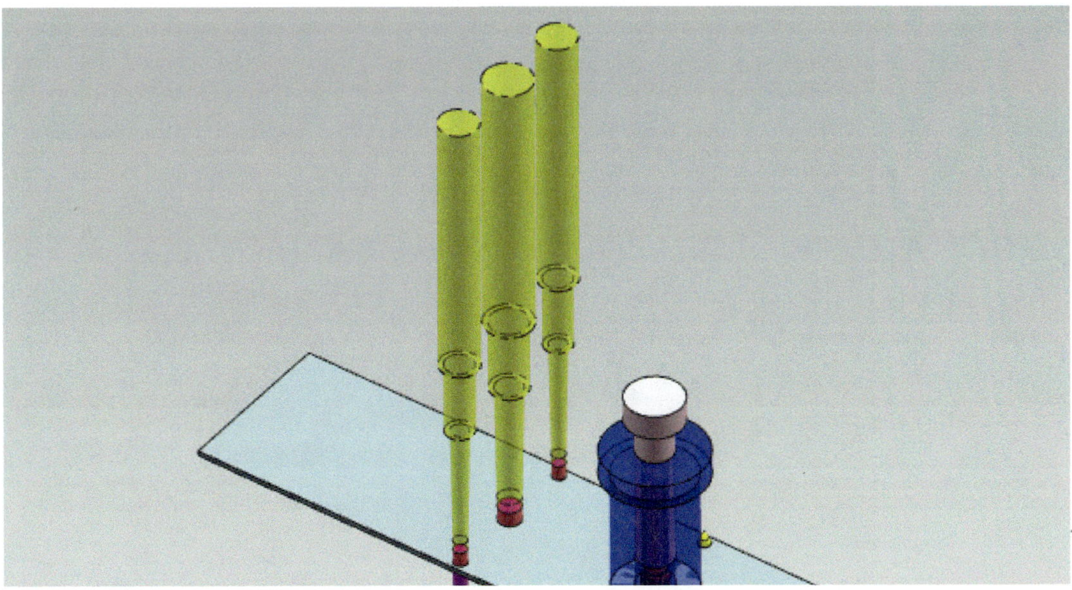

6) 다이 플레이트에 '블랭킹가공' 인선 부위를 생성하기 위해 돌출 아이콘을 클릭, 선택 박스에서 '접하는 곡선' 선택한 다음, 스트립 레이아웃 아랫면의 블랭킹 가공할 제품의 외곽 모서리 전체를 선택하고, 아래와 같이 입력한 다음, '확인' 클릭한다.

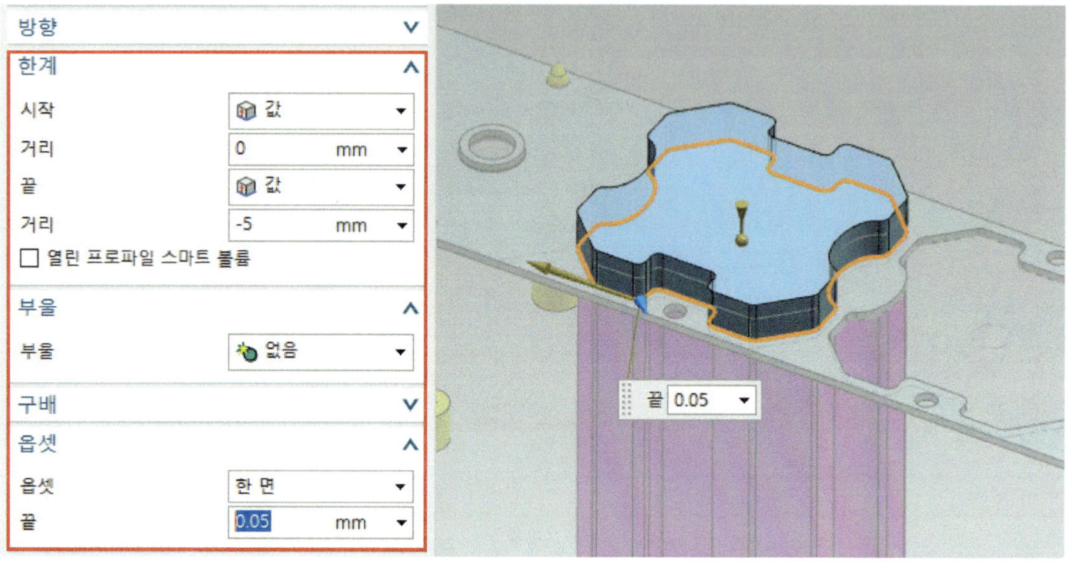

7) 다이 플레이트에 '블랭킹가공' 이번 각을 생성하기 위해 돌출 아이콘을 클릭, 선택 박스에서 '면 모서리' 선택한 다음, 6)에서 돌출한 형상의 평면을 선택하고, 아래와 같이 입력한 다음, '확인' 클릭한다.

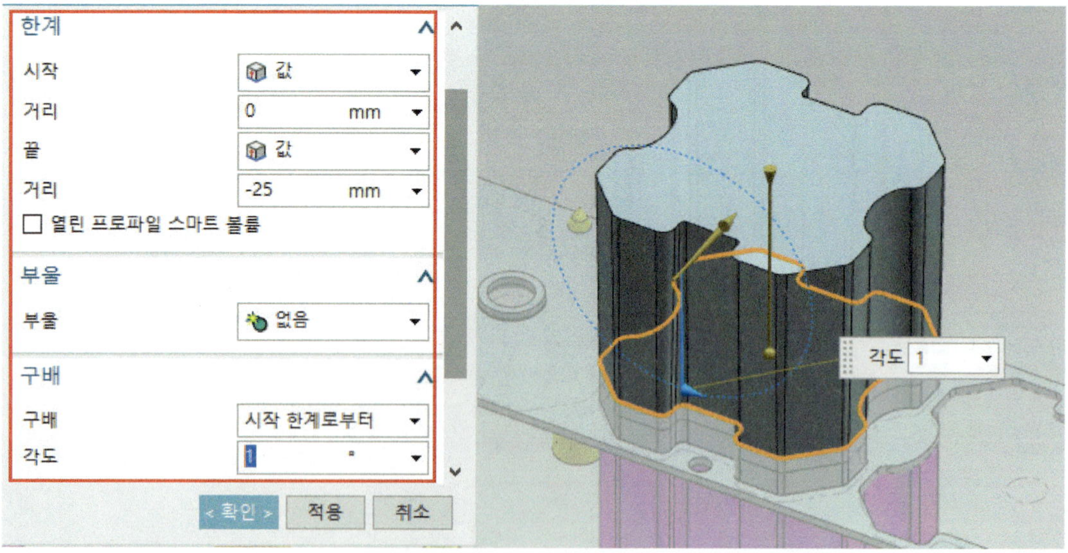

8) 다이 배킹 플레이트에 '블랭킹가공' 제품 배출구를 생성하기 위해 돌출 아이콘을 클릭, 선택 박스에서 '면 모서리' 선택한 다음, 7)에서 돌출한 형상의 평면을 선택하고, 아래와 같이 입력한 다음, '확인' 클릭한다.

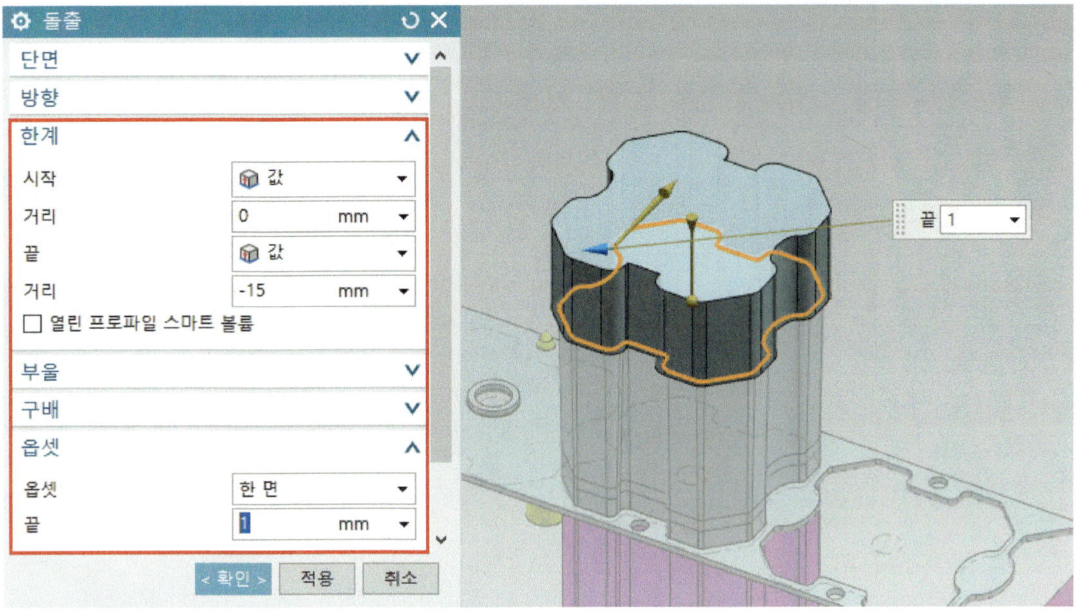

9) 하구멍더에 '블랭킹가공' 제품 배출구를 생성하기 위해 돌출 아이콘을 클릭, 선택 박스에서 '면 모서리' 선택한 다음, 8)에서 돌출한 형상의 평면을 선택하고, 아래와 같이 입력한 다음, '확인' 클릭한다.

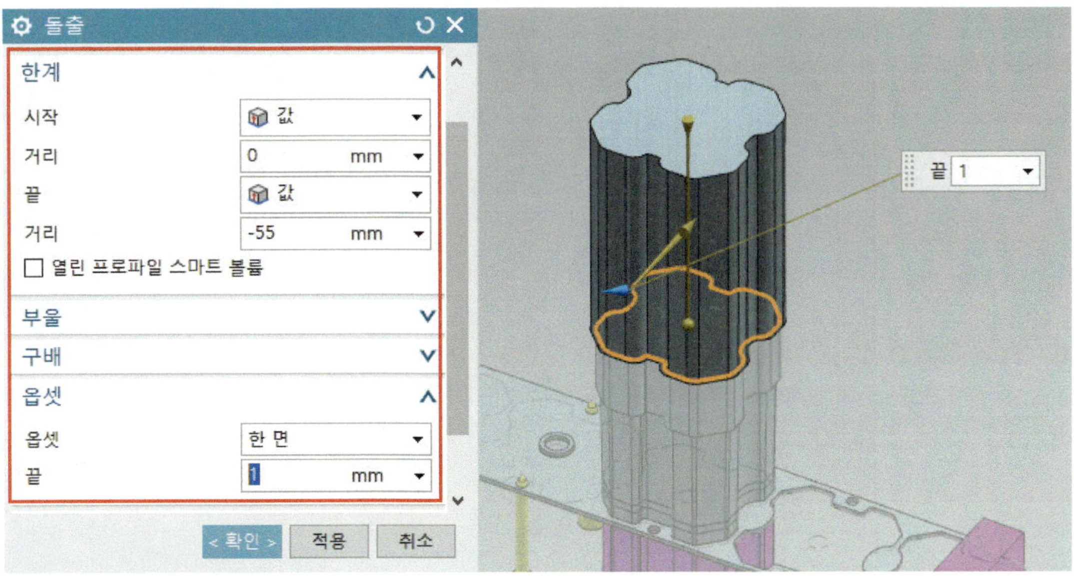

10) '블랭킹가공' 제품 배출구 형상을 결합하기 위해 결합 아이콘을 클릭, 결합할 돌출 형상을 순서대로 선택한 다음, '확인' 클릭한다.

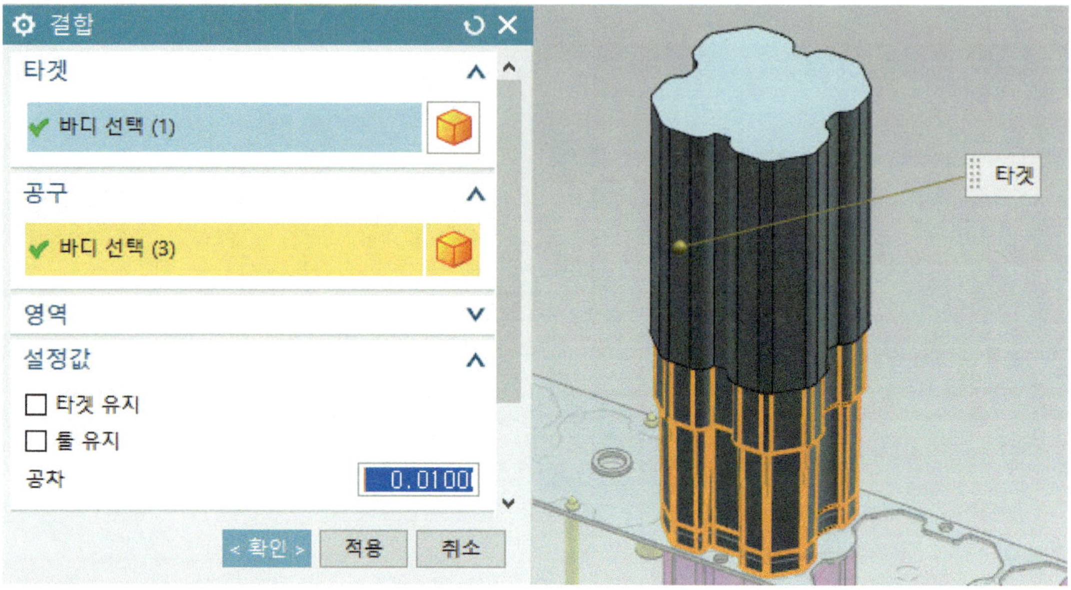

※ 제품 배출구를 구분하기 위해 색상은 'Yellow', 선의 형식은 '이점 쇄선', 반 투명도는 '50%' 이상으로 조정한다.

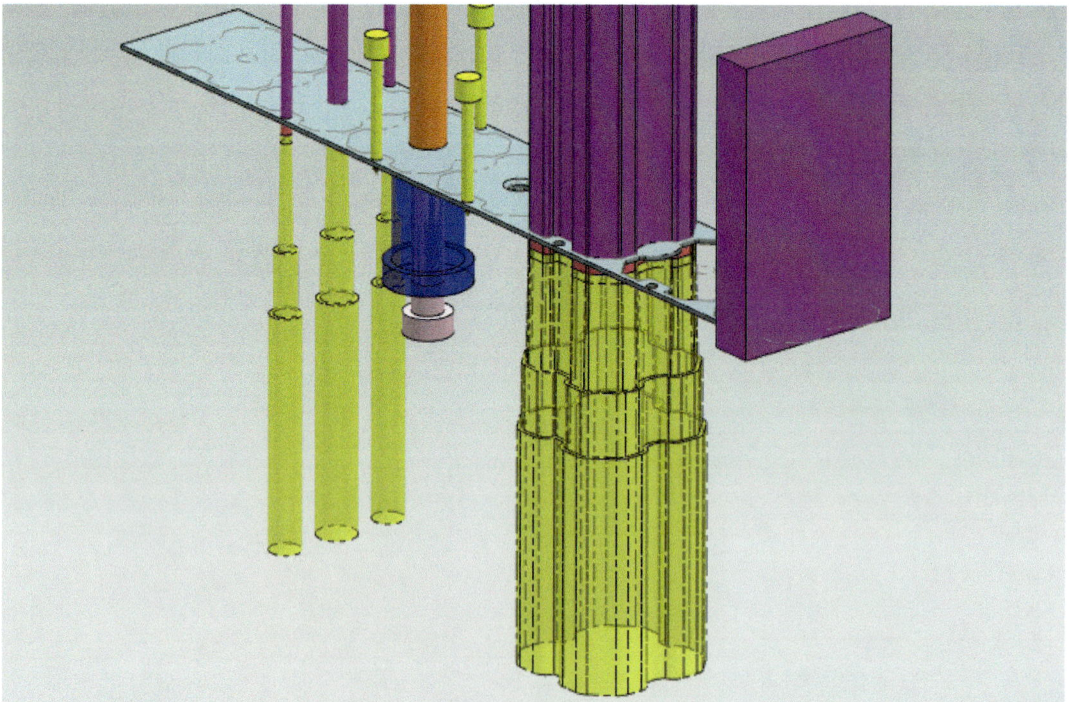

11) 하형 다이세트에 '파일럿 핀 도피구'를 생성하기 위해 돌출 아이콘을 클릭, 선택 박스에서 '단일 곡선' 선택한 다음, 스트립 레이아웃 아랫면의 파일럿 핀 구멍 4개소를 선택하고, 아래와 같이 입력한 다음, '확인' 클릭한다.

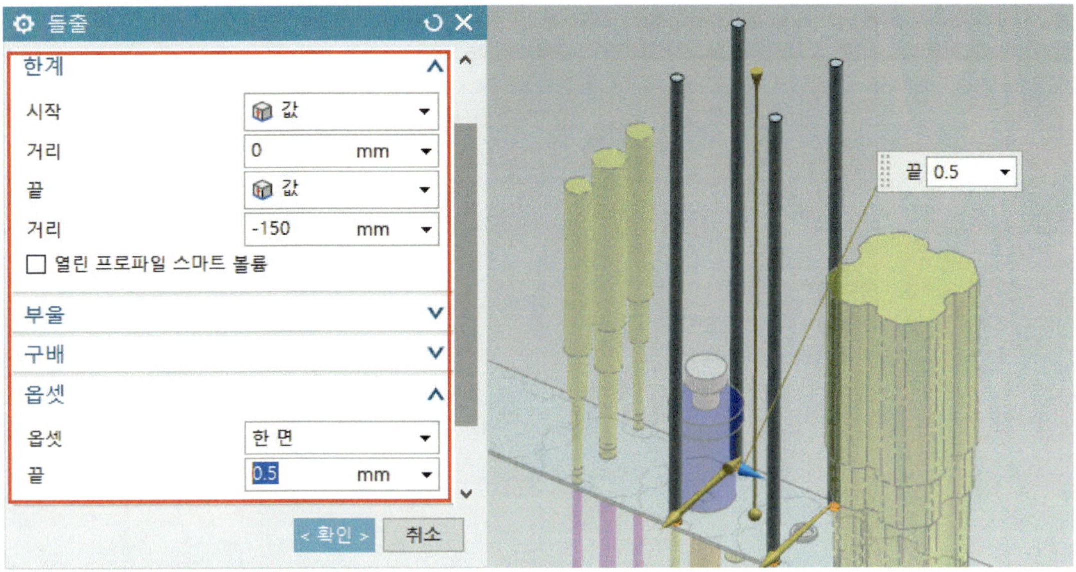

※ 파일럿 핀 도피구를 구분하기 위해 색상은 'Yellow', 선의 형식은 '이점 쇄선', 반 투명도는 '50%' 이상으로 조정한다.

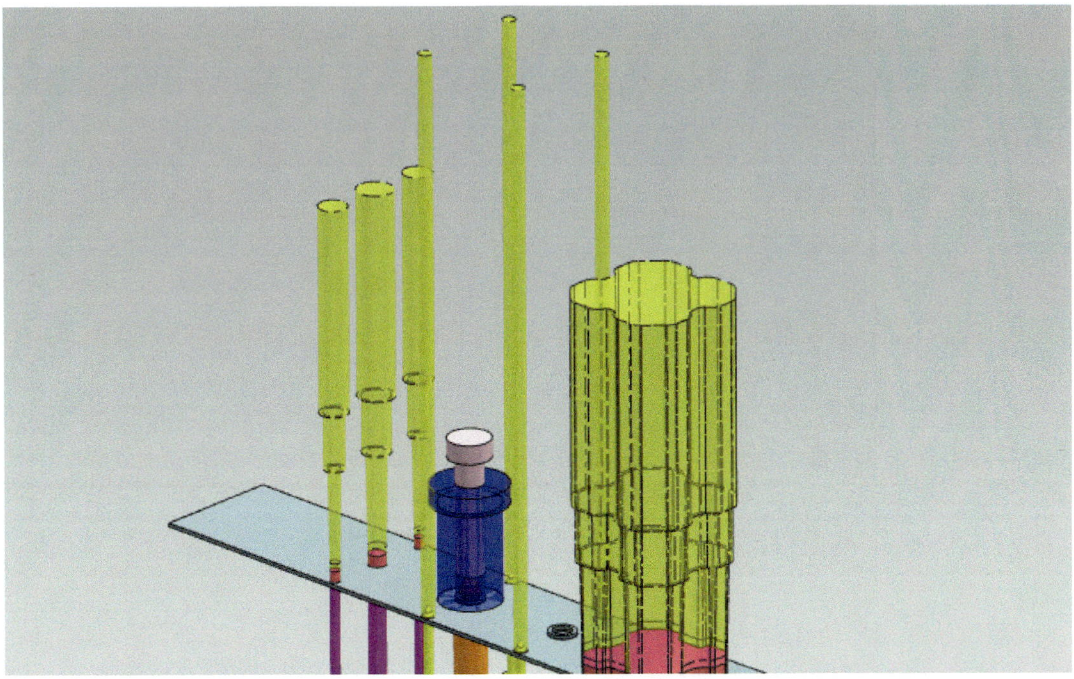

12) 하형 다이세트에 '버링 밀핀 도피구'를 생성하기 위해 돌출 아이콘을 클릭, 선택 박스에서 '단일 곡선' 선택한 다음, 버링 밀핀 턱걸이 바닥 면 모서리를 선택하고, 아래와 같이 입력한 다음, '확인' 클릭한다.

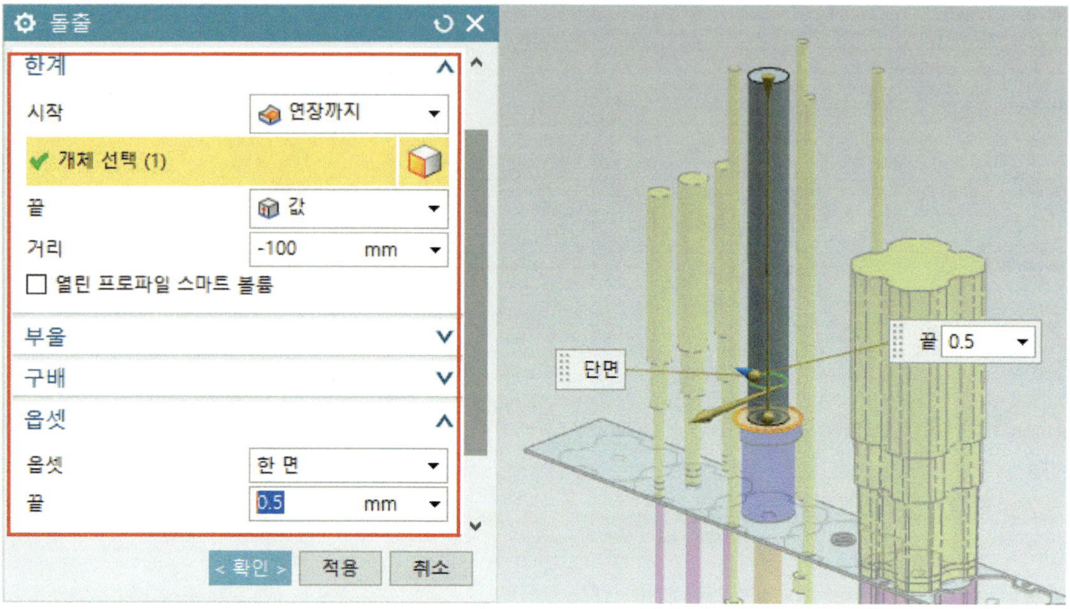

※ 버링 밀핀 도피구를 구분하기 위해 색상은 'Yellow', 선의 형식은 '이점 쇄선', 반 투명도는 '50%' 이상으로 조정한다.

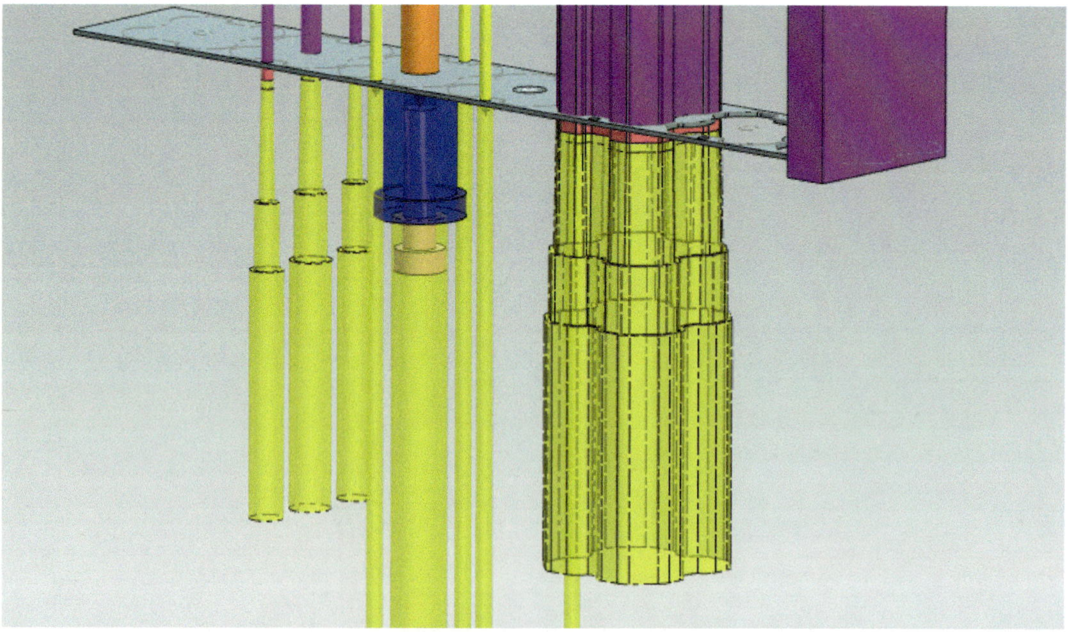

13) 제품 및 칩 배출구 설계 완료

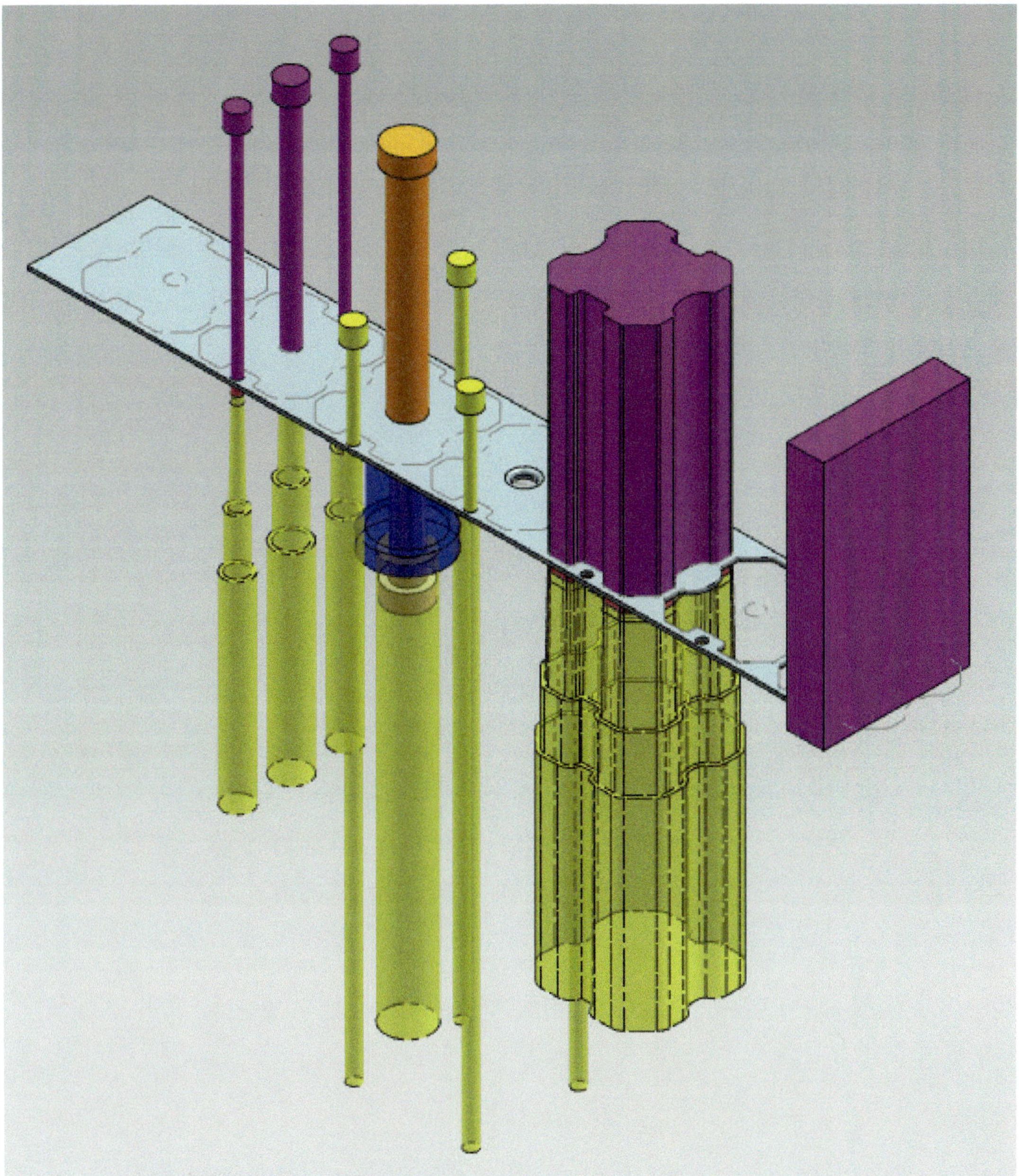

3.6 다이세트 설계하기

다이세트 설계의 경우, 프레스금형 설계 편람을 참고하여 다이세트 라이브러리를 미리 만들어 놓고, 스트립 레이아웃과 펀치 및 다이편 그리고 배출구 및 도피구 등의 설계가 완료되는 시점에서 다이세트 라이브러리를 불러와서 조합하여 사용한다.

다이세트 설계하기는 3.5 제품 및 칩 배출구 설계가 완료되면, 다이 플레이트의 외곽 치수를 결정해야 하는데, 외곽 치수를 결정하기 위해서는 아래와 같이 전단력(P)과 다이 플레이트의 두께(H)를 계산해야 한다.

- 전단력(P): 4,784 kgf

= L(전단길이) × t(재료 두께) × τ(전단 저항)

= 149.5 × 1.0 × 32.0

= 4,784 kgf

- 다이 플레이트 두께(H): 30.0 ㎜

= k × $\sqrt[3]{P}$, 여기서 k는 상수(1.3~1.5), P는 전단력

k: 1.37 = 전단 길이가 150~300.0 ㎜

k: 1.50 = 전단 길이가 300~500.0 ㎜

= 1.3 × $\sqrt[3]{4,784}$

= 21.9 mm (다이 플레이트 두께는 30.0으로 결정한다.)

1) 다이 플레이트의 외곽 크기를 확정하기 위해 스케치 아이콘 클릭, 좌표계 다이얼로그 활용, 스트립 레이아웃의 '하면(아랫면)' 클릭한 다음, 아래와 같이 1st 스케치하고, 2nd 치수 최적화를 거친 후 '확인' 클릭한다.

※ 45.0 = 다이 플레이트 두께 30.0 + 안전율 1.5

※ 스케치한 선의 색상은 'Silver Gray', 선 폰트는 '이점쇄선'으로 변경한다.

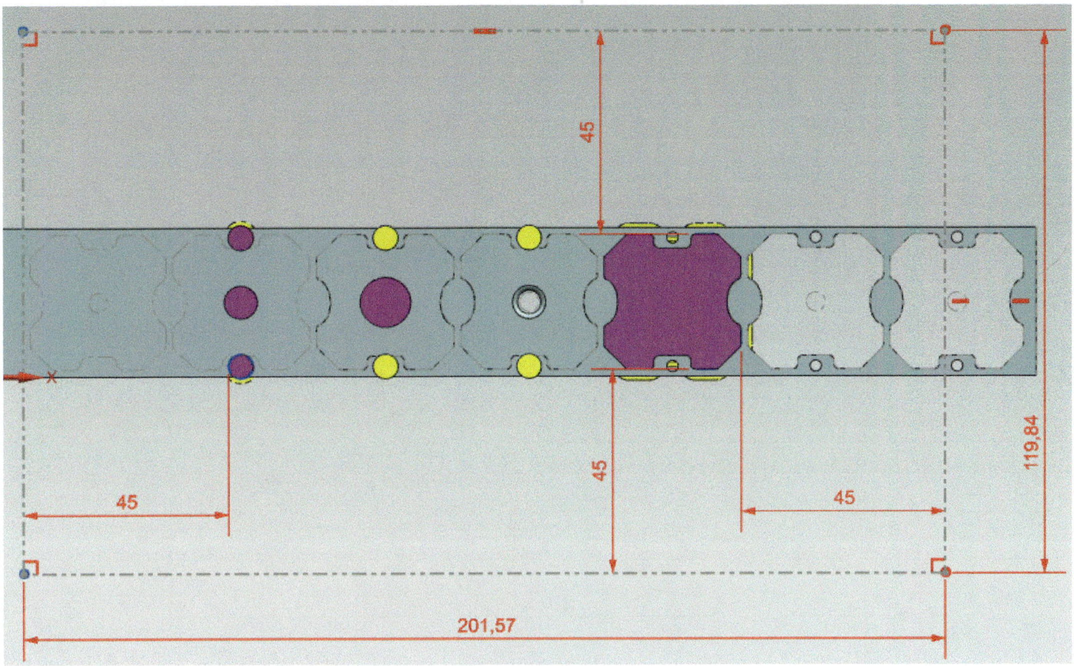

※ 다이 플레이트 외곽 크기는 치수 최적화를 통해 220(가로), 세로는 200(100+소재폭)으로 변경한다.

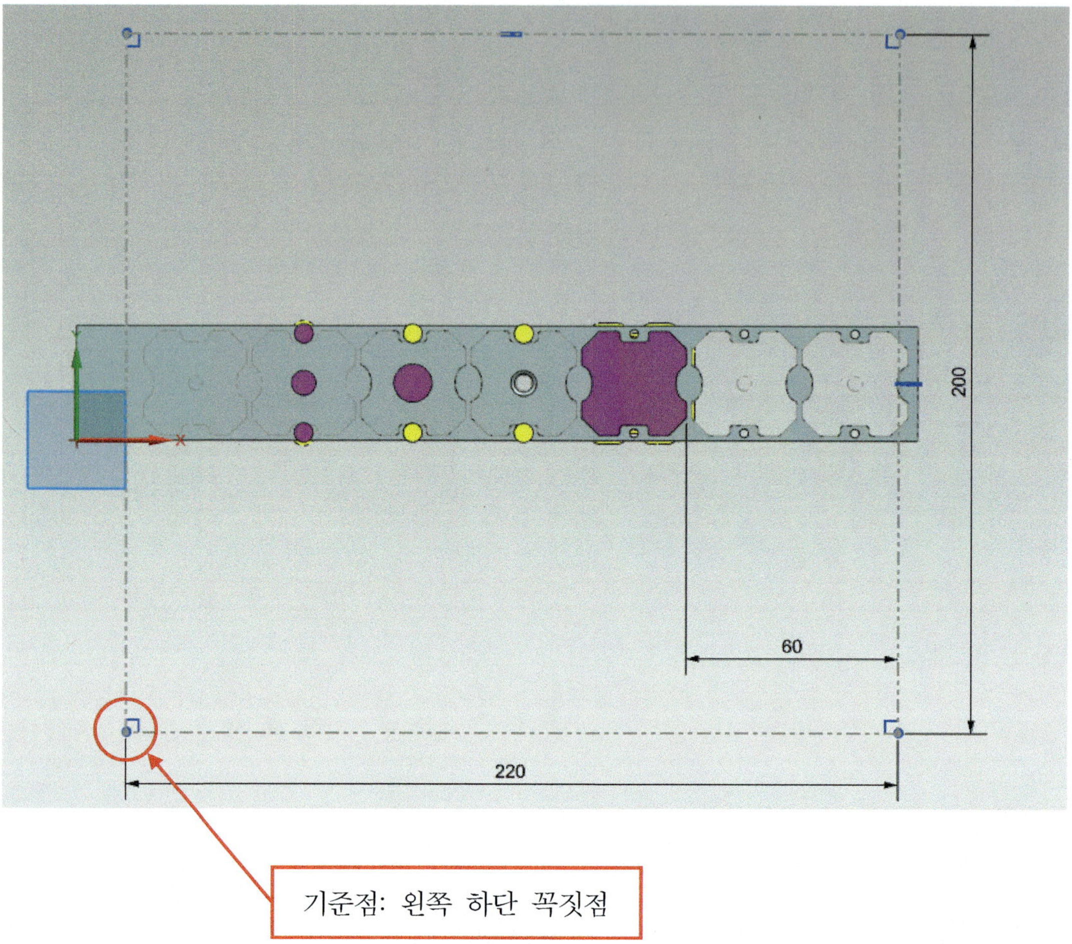

2) 다이세트 설계는 관련 부품을 하나씩 설계하는 것이 아니라 미리 만들어놓은 다이세트 라이브러리 중, 다이 플레이트 가로×세로 크기와 스트리퍼 볼트 작동 거리에 적합한 다이세트 라이브러리를 불러와서 스트립 레이아웃과 조합하는 방식으로 설계하는데, 만들어진 다이세트를 불러오기 위해서는 다이세트의 기준점과 스트립 레이아웃의 기준점을 맞추어서 불러와야 한다.

다이세트를 불러오기 위해, 메인메뉴에서 '파일' → '가져오기' → '파트' 클릭, 파트 가져오기 팝업창에서 '확인' 클릭한 다음, '프레스금형 표준부품'의 다이세트 폴더에서 'FR220-200-ST8' 파일을 선택하고, 'OK' 클릭한 다음, 1)에서 스케치한 다이 플레이트의 '왼쪽 아래 꼭짓점'을 클릭한다.

다이세트 불러오기가 완료되면, 기준점이 정확히 맞는지 확인하여 이상 없으면, '취소' 클릭한다.

※ FR220-200-ST8: FR220-200(볼 리테이너 포스트 4개 형식, 다이 플레이트 가로 220 × 세로 200), ST8은 스트리퍼 볼트 작동 거리 8.0 ㎜ (버링 펀치 내경 직선거리 7.0 + 여유 1.0)

※ '취소' 클릭하지 않고, 확인 클릭하면, 다이세트를 두 번 불러온다.

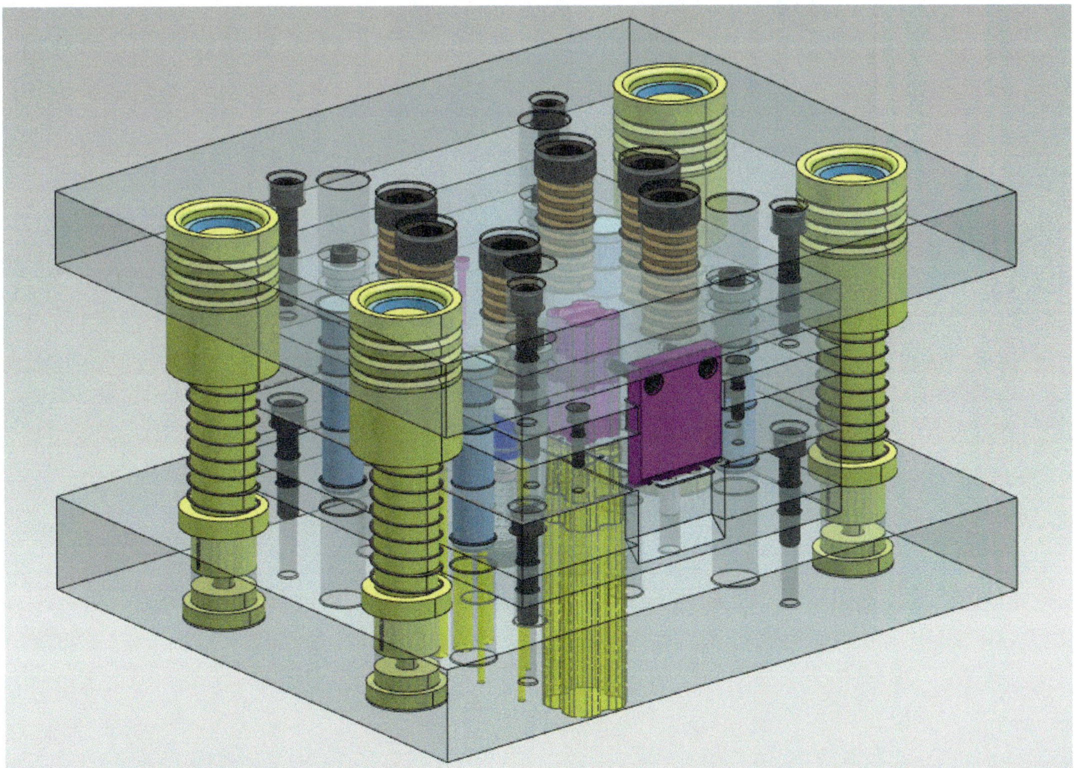

3) 하형 다이세트의 경우 각, 공정별로 발생하는 칩과 블랭킹 공정의 제품이 금형 밖으로 잘 취출될 수 있도록 배출구를 만들어 주어야 한다.
배출구는 미리 만들어 놓은 배출구 형상을 하형 다이세트의 각, 플레이트 별로 '빼기' 명령어를 사용하여 분리시켜 주면 된다.

※ 설계 작업성을 높이기 위해 하형 다이세트의 뒷면이 잘 보일 수 있도록 회전시킨 다음, 'Ctrl + J' 클릭, 하형 다이세트 플레이트 3개의 반 투명도를 '0'으로 변경해 준다.

먼저, 하구멍더에 배출구를 생성하기 위해 빼기 아이콘을 클릭, 타깃 바디 선택에서 '하구멍더' 선택, 공구 바디 선택에서 '배출구(칩 + 제품)' 형상을 모두 선택해 준다. 그리고 배출구 형상을 다이 플레이트까지 계속 사용해야 하므로 설정값 항목에서 '툴 유지' 체크하고, '확인' 클릭한다.

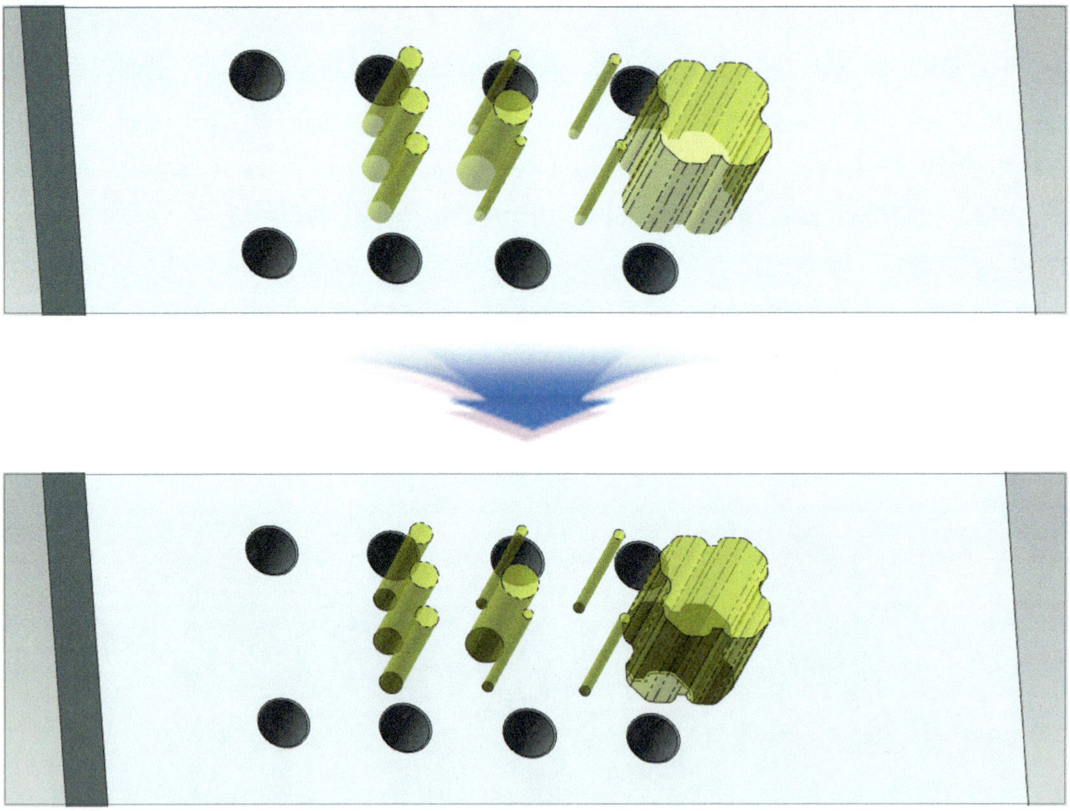

※ 정상적으로 분리되면, 배출구 모서리가 진하게 된 것을 확인할 수 있다.

4) 다음은 다이 배킹 플레이트에 배출구를 생성하기 위해  빼기 아이콘을 클릭, 타깃 바디 선택에서 '다이 배킹 플레이트' 선택, 공구 바디 선택에서 '배출구(칩 + 제품)' 형상을 모두 선택해 준다. 그리고 배출구 형상을 다이 플레이트까지 계속 사용해야 하므로 설정값 항목에서 '툴 유지' 체크하고, '확인' 클릭한다.

※ 작업성을 높이기 위해 빼기 완료된 하구멍더는 숨기기 한다.

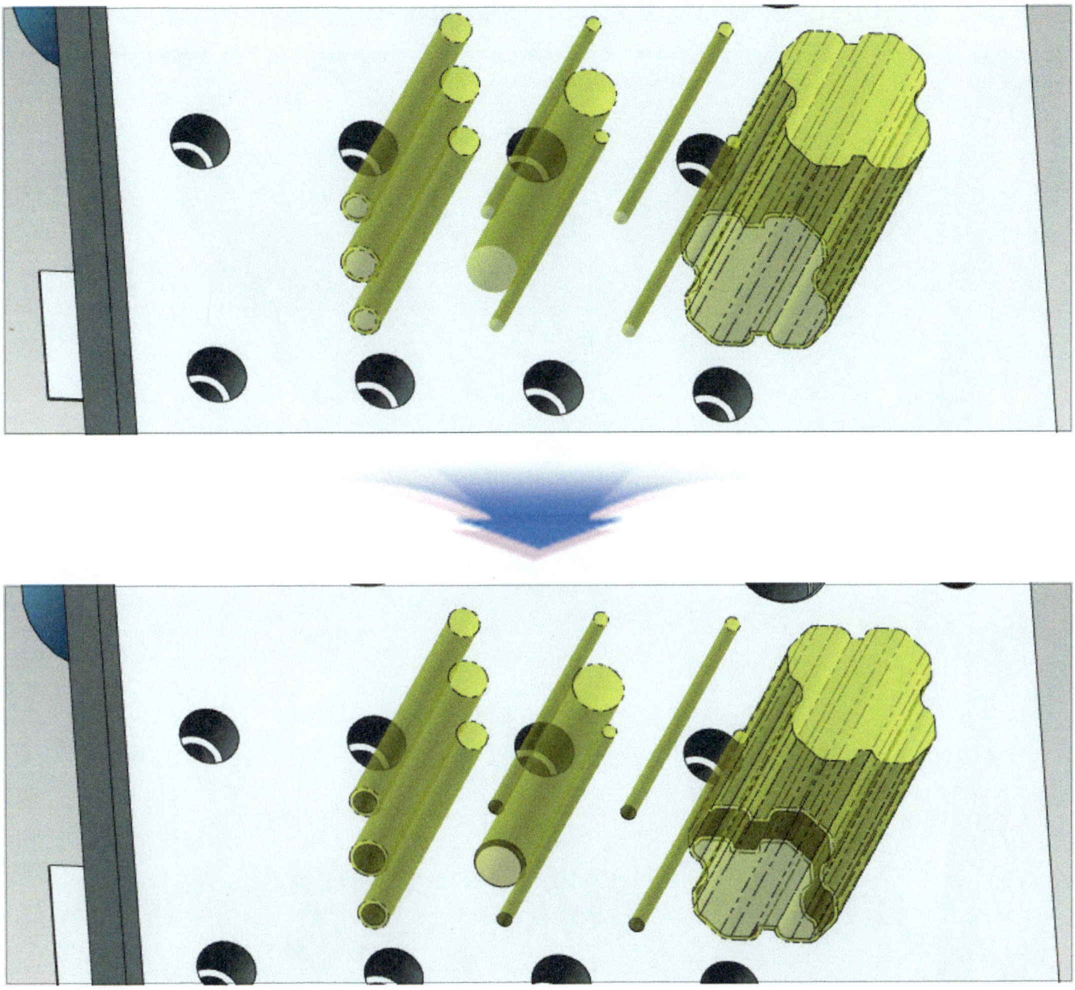

※ 정상적으로 분리되면, 배출구 모서리가 진하게 된 것을 확인할 수 있다.

5) 다음은 다이 플레이트에 배출구를 생성하기 위해 빼기 아이콘을 클릭, 타깃 바디 선택에서 '다이 플레이트' 선택, 공구 바디 선택에서 '배출구(칩 + 제품)' 형상을 선택한 다음, 설정값 항목에서 '툴 유지' 체크 해제하고, '확인' 클릭한다.

※ 공구 바디 선택에서 '버링 밀핀 스프링 구멍' 형상은 선택하지 않는다.
(선택 시 분리할 대상이 없어 에러 발생)

※ 작업성을 높이기 위해 빼기 완료된 다이 배킹 플레이트는 숨기기 한다.

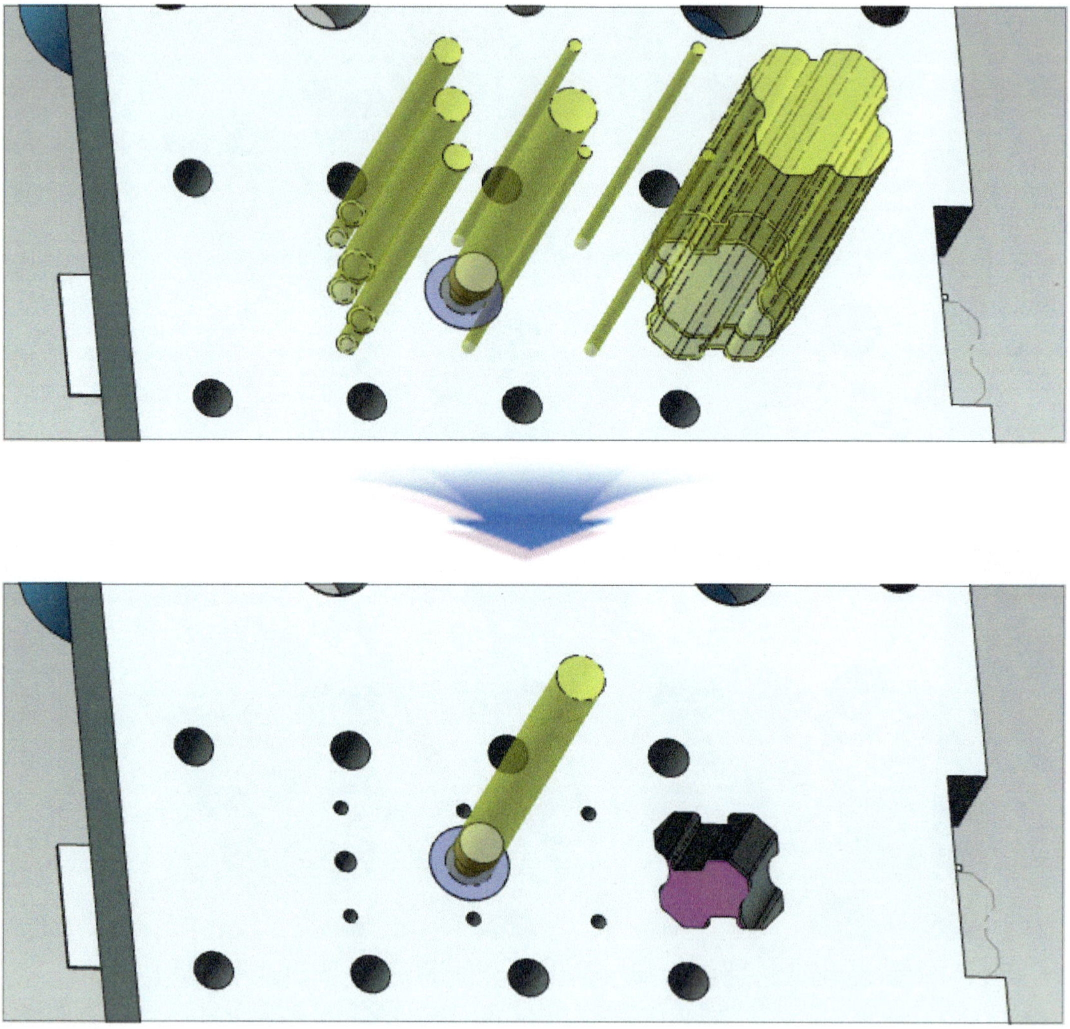

※ 정상적으로 분리되면, 배출구가 생성된 것을 확인할 수 있다.

6) 다이 플레이트에 남아 있는 버링 밀핀 스프링 구멍 형상을 삭제하기 위해 바디 삭제 아이콘을 클릭, 삭제할 바디 선택에서 '버링 밀핀 스프링 구멍' 선택한 다음, '확인' 클릭한다.

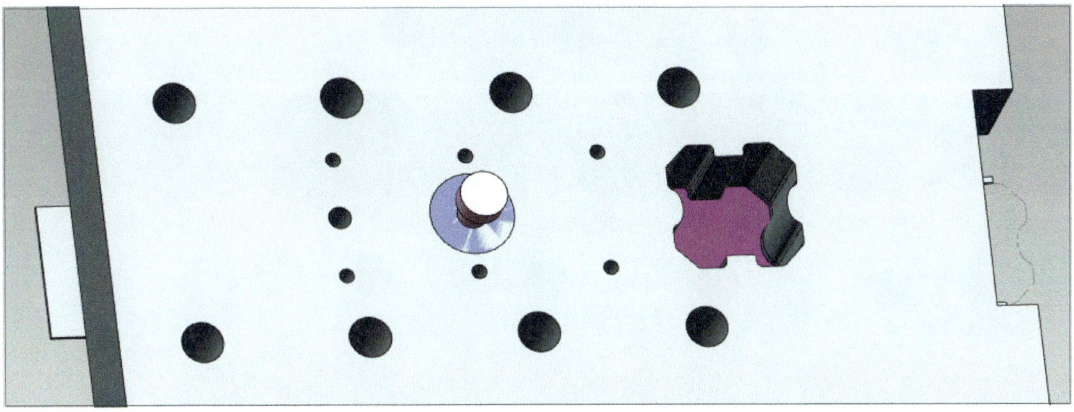

7) 다음은 다이 플레이트에서 버링 다이편 형상을 분리하기 위해 빼기 아이콘을 클릭, 타깃 바디 선택에서 '다이 플레이트' 선택, 공구 바디 선택에서 '버링 다이편' 형상을 선택한다. 그리고 버링 다이편은 금형 부품으로 계속 사용해야 하므로 설정값 항목에서 '툴 유지' 체크하고, '확인' 클릭한다.

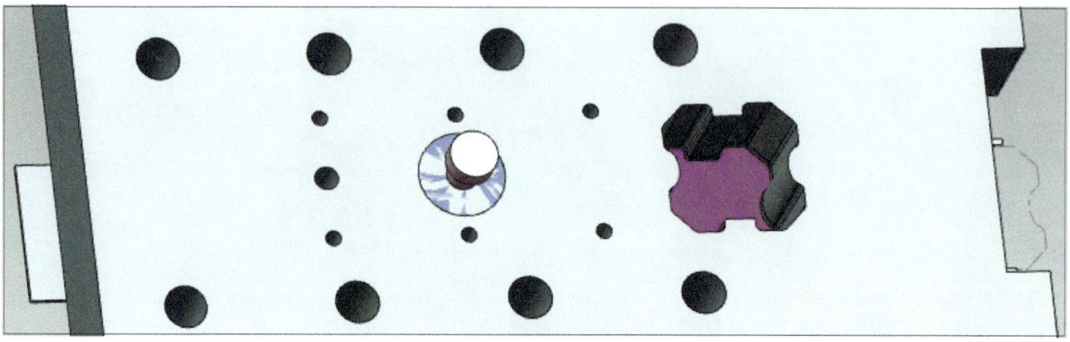

8) 다이 플레이트에 남아 있는 버링 밀핀 구멍 형상을 삭제하기 위해 바디 삭제 아이콘을 클릭, 삭제할 바디 선택에서 '버링 밀핀 구멍' 형상을 선택한 다음, '확인' 클릭한다.

※ 다이 플레이트에 삭제되지 않고, 남아 있는 밀핀 구멍 형상의 바디를 선택하기 쉽도록 빼기 완료된 버링 다이편과 버링 밀핀 금형부품은 숨기기 한다.

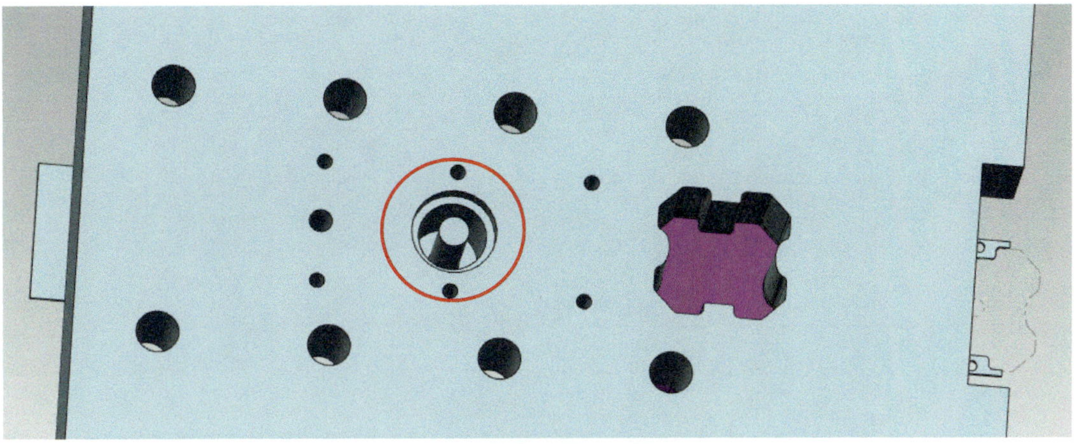

※ 하형 다이세트의 배출구 설계가 완료된 상태

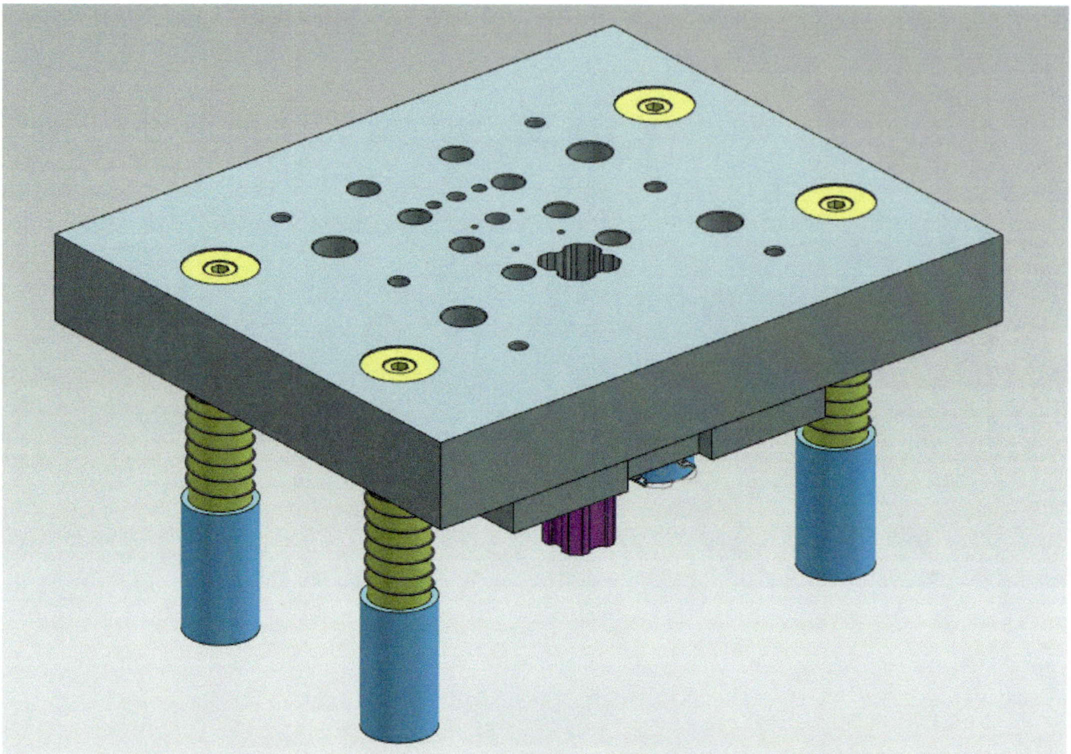

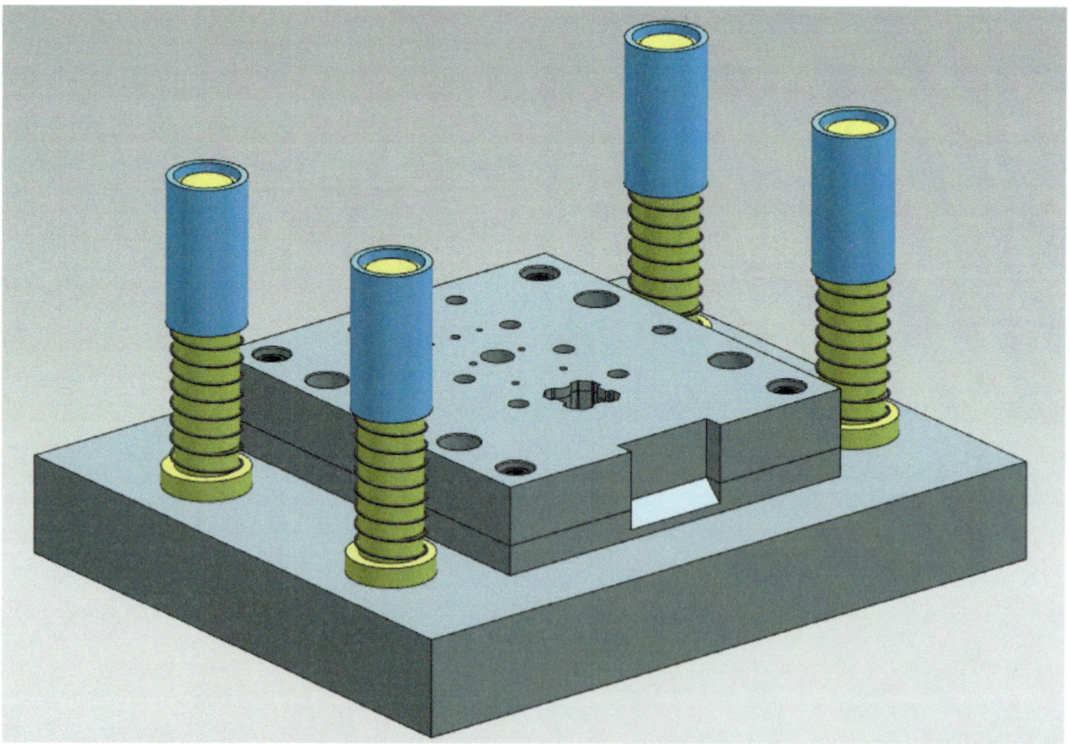

3.7 가이드 리프터 핀 설계하기

※ 프로그레시브(Progressive) 순차이송금형에서 스트립 레이아웃이 다음 공정으로 정해진 피치만큼 이동할 때 프레스 원소재의 처짐이나 치우침, 간섭 없이 제대로 이송이 되어야 하며, 이 때 필요한 금형부품이 소재 안내가이드 장치이다.

※ 프레스 원소재가 금형 안으로 정확히 들어갈 수 있도록 안내해 주는 금형부품으로 소재 안내가이드, 가이드 리프터 핀 등이 있는데, 산업현장에서는 주로, 가공 공정이 비교적 적은 원형 가이드 리프터 핀을 사용한다.

※ 원형 가이드 리프터 핀을 설계할 때는 프레스금형 설계편람을 기준으로 라이브러리로 미리 만들어 놓고, 하형 다이세트에 배출구 설계가 완료되는 시점에서 원형 가이드 리프터 핀 라이브러리를 불러와서 스트립 레이아웃과 조합하여 사용한다.

※ 원형 가이드 리프터 핀 라이브러리는 원형 가이드 리프터 핀, 와이어 스프링, 무드 볼트로 구성되어 있으며, 하형 다이세트에 ∅10 원형 가이드 리프터 핀 구멍이 미리 생성되어 있으므로 스트립 레이아웃의 소재 폭에 맞게 치수를 변경한 다음, 기준점에 맞추어 필요한 수량만큼 라이브러리를 불러오면 된다.

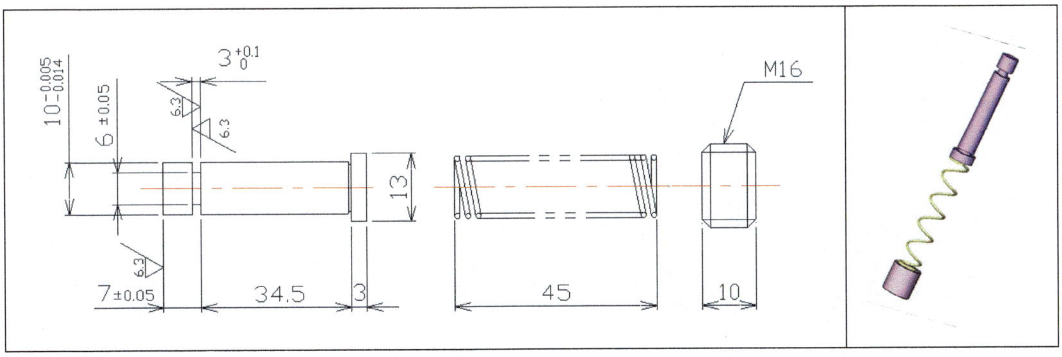

※ 설계 작업성을 높이기 위해, 하형 다이세트와 스트립 레이아웃만 남기고 나머지는 모두 숨기기하고, 하형 다이세트의 다이 플레이트가 평면으로 보일 수 있도록 한다. (단축키 F8 활용)

1) 스트립 레이아웃의 원소재 폭(32.8)에 가이드 리프터 핀 내경(∅6.0)과 맞추기 위해 다이 플레이트에 생성된 가이드 리프터 핀, 구멍 중심의 스케치 '점'을 더블 클릭한 다음, 치수를 '3.2'로 변경한다.

※ 3.2 = 가이드 리프터 핀 내경 ∅6.0의 1/2(3.0)
+ 원소재와 리프터 핀 내경과의 여유치 0.2

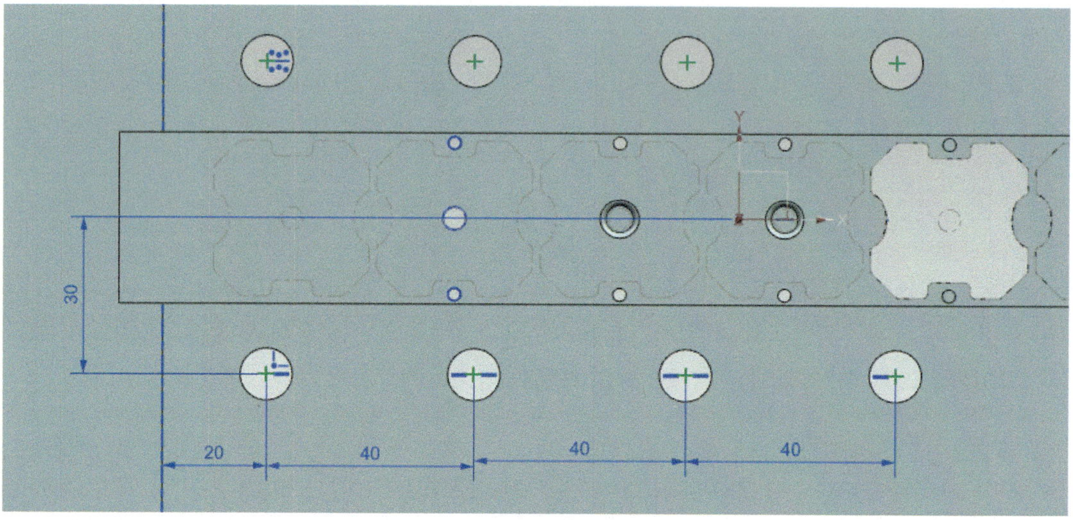

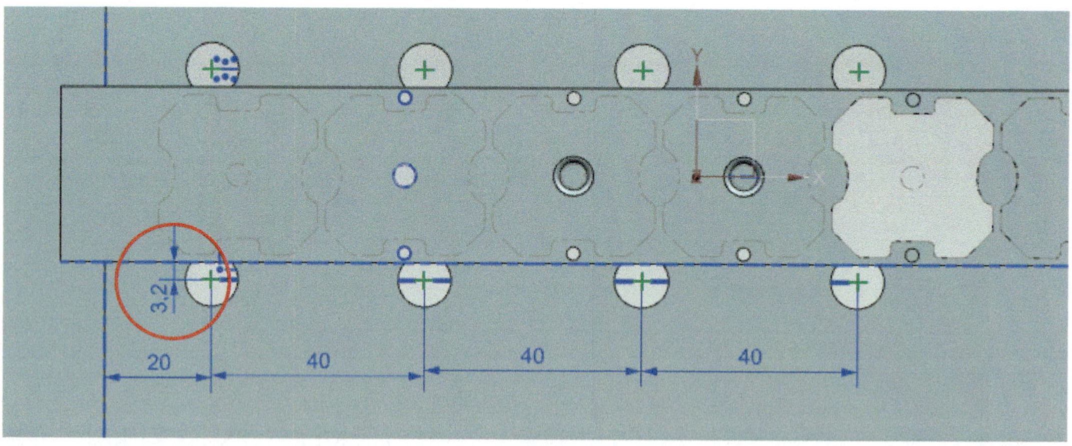

2) 다음은 스트립 레이아웃이 이송 중 처지지 않도록 가이드 리프터 핀의 간격을 조정해주기 위해 다이 플레이트에 생성된 가이드 리프터 핀, 구멍 중심의 스케치 '점'을 더블 클릭한 다음, 아래와 같이 치수를 변경한다.

※ 가이드 리프터 핀 간격 조정할 때, 전 공정에서 생성된 배출구 형상과 겹치지 않도록 주의한다. (겹치게 되면, 칩이나 제품이 취출 될 때 간섭이 발생하여 금형 파손으로 이어질 수 있으니 특히 주의가 필요하다)

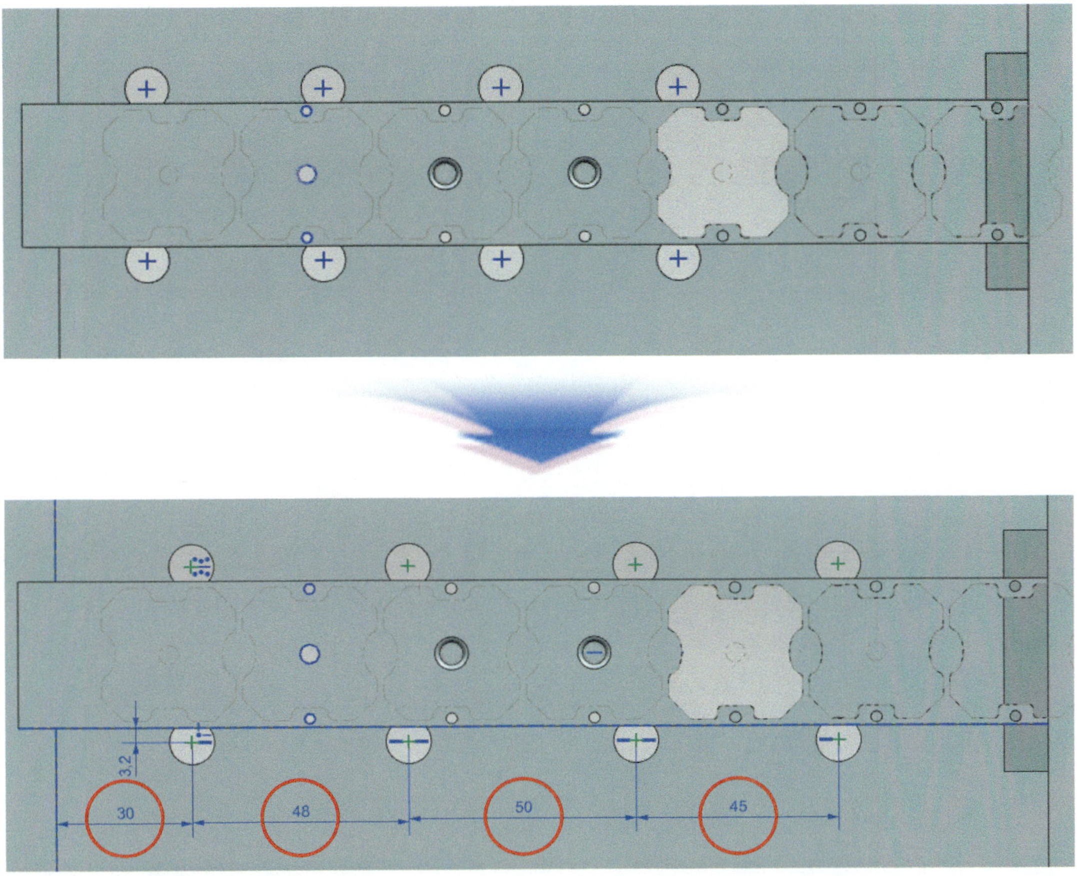

3) 다음은 가이드 리프터 핀을 불러오기 위해, 메인메뉴에서 '파일' → '가져오기' → '파트' 클릭한 다음, 파트 가져오기 팝업창에서 '확인' 클릭한다. 바탕화면의 프레스금형 표준부품, '가이드 리프터 핀 세트' 폴더에서 'D10-L34.5-A3' 파일을 선택한 후 'OK' 클릭한 다음, 기준점으로 다이 플레이트 '하면(아랫면)'에 생성한 가이드 리프터 핀의 중심점을 모두(8개소) 선택한다. 불러오기가 완료되면, 다이 플레이트에 생성된 가이드 리프터 핀 구멍 중심에 맞는지 확인하여 이상 없으면, '취소' 클릭한다.

※ '취소' 클릭하지 않고, 확인 클릭하면 동일한 위치에 두 번 불러온다.

※ 다이 플레이트의 아랫면이 잘 보일 수 있도록 'Ctrl + J' 클릭하여 하형 다이세트의 플레이트 3개의 반 투명도를 '80' 정도로 변경해 준다.

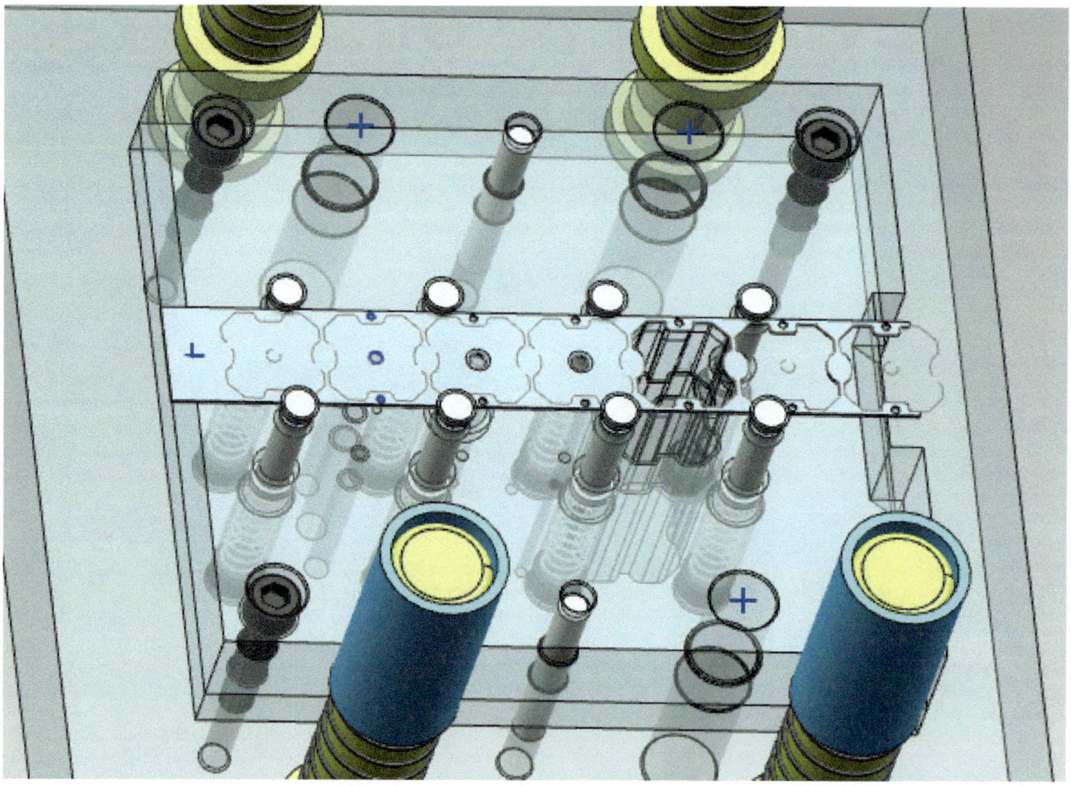

※ 다이 플레이트에 생성된 가이드 리프터 핀의 작동량 '5.0'을 확인한다.

※ 하형 다이세트의 원형 가이드 리프터 핀 설계가 완료된 상태

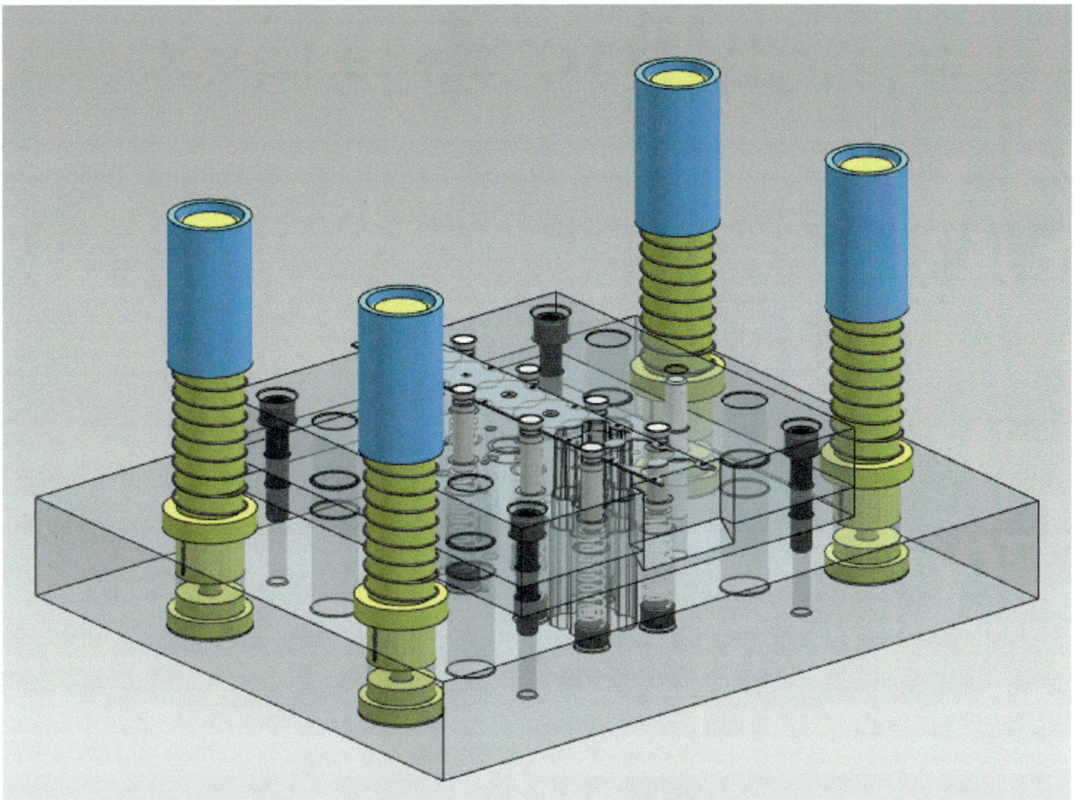

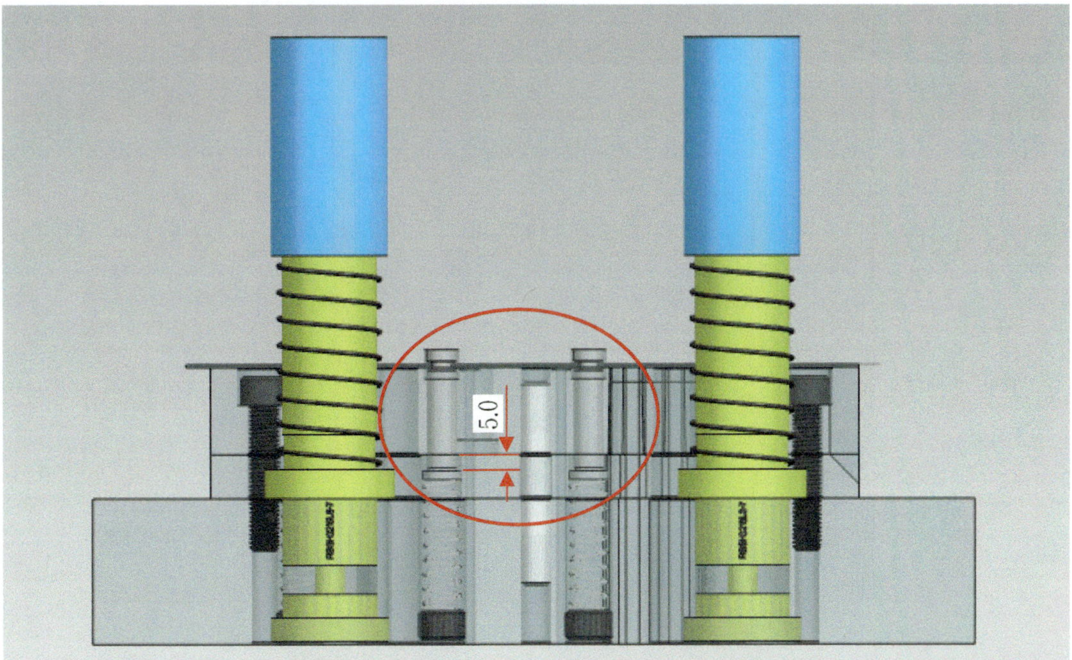

3.8 도피구 설계하기

※ 프로그레시브(Progressive) 순차 이송 금형에서 스트립 레이아웃이 다음 공정으로 이동할 때, 전 공정에서 만들어진 버링이나 벤딩 형상 등이 있을 때는 다음 공정에서 반드시 도피구를 만들어 주어야 한다. 도피구를 만들어 주지 않으면, 제품 형상이 변형 또는 파손되며, 결국에는 금형 파손으로 이어질 수 있다.

※ 본 금형에서 도피구가 필요한 부분은 두 가지로 확인할 수 있다.
첫째, 2 공정의 버링 가공 후 3 공정의 다이 플레이트 상면에 버링 형상에 대한 도피구를 만들어 주어야 하며,
둘째, 스트리퍼 플레이트 상면에 가이드 리프터 핀 형상에 대한 도피구를 만들어 주어야 한다.

1) 다이 플레이트 상면에 버링 형상에 대한 도피구를 만들어 주기 위해 '스케치' 아이콘을 클릭, 다이 플레이트 상면을 XY 평면으로 설정하고, 아래와 같이 스케치한 다음, '스케치 종료' 클릭한다.

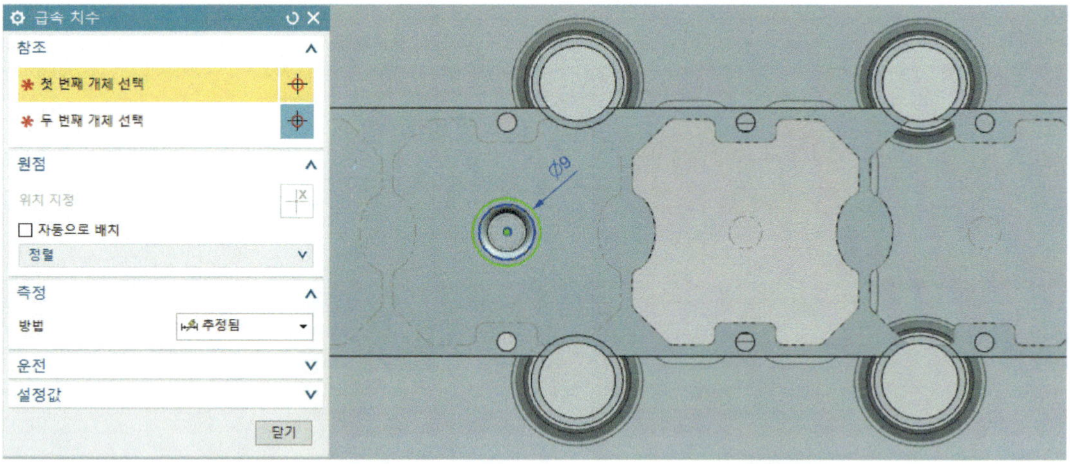

2) 버링 도피구 형상을 생성하기 위해 돌출 아이콘을 클릭, 선택 박스에서 '단일 곡선' 선택한 다음, 아래와 같이 입력하고, '확인' 클릭한다.

※ 작업성을 높이기 위해 스트립 레이아웃은 숨기기 한다.

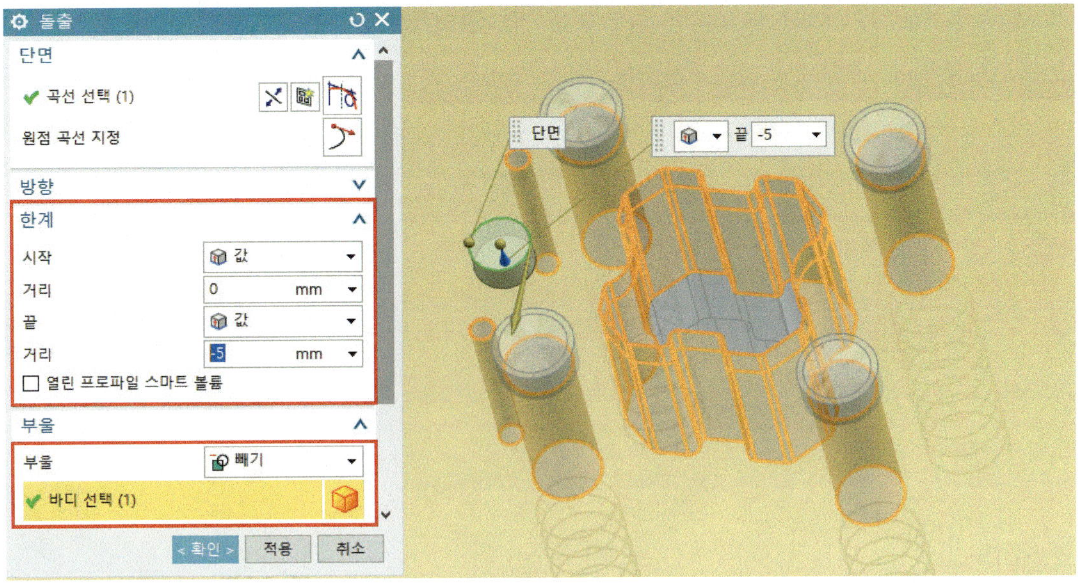

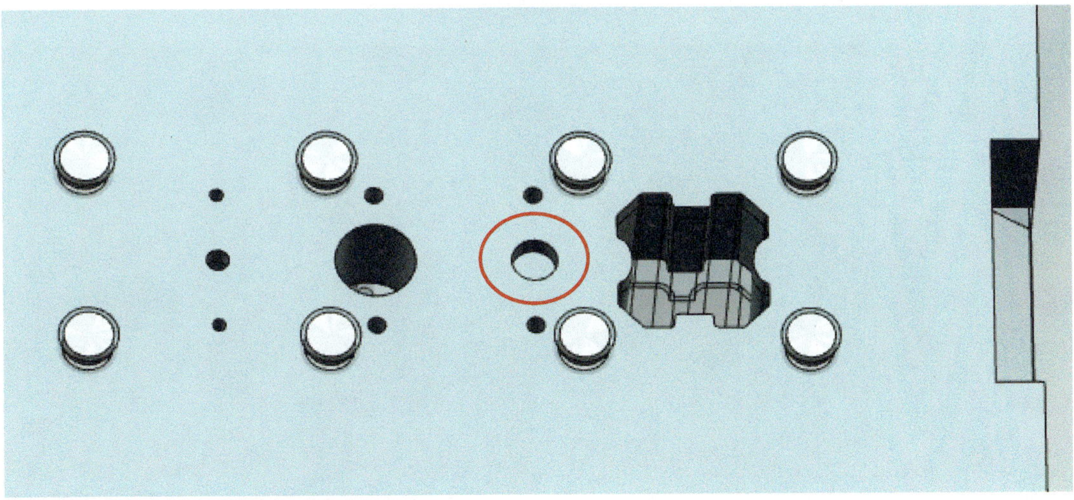

3) 스트리퍼 플레이트에 가이드 리프터 핀 도피구를 만들어 주기 위해 빼기 아이콘을 클릭, 타깃 바디 선택에서 '스트리퍼 플레이트' 선택, 공구 바디 선택에서 '가이드 리프터 핀의 도피구' 형상을 선택한다.

※ 작업성을 높이기 위해 가이드 리프터 핀과 스트리퍼 플레이트만 화면에 표시하고, 나머지는 모두 숨기기 한다.

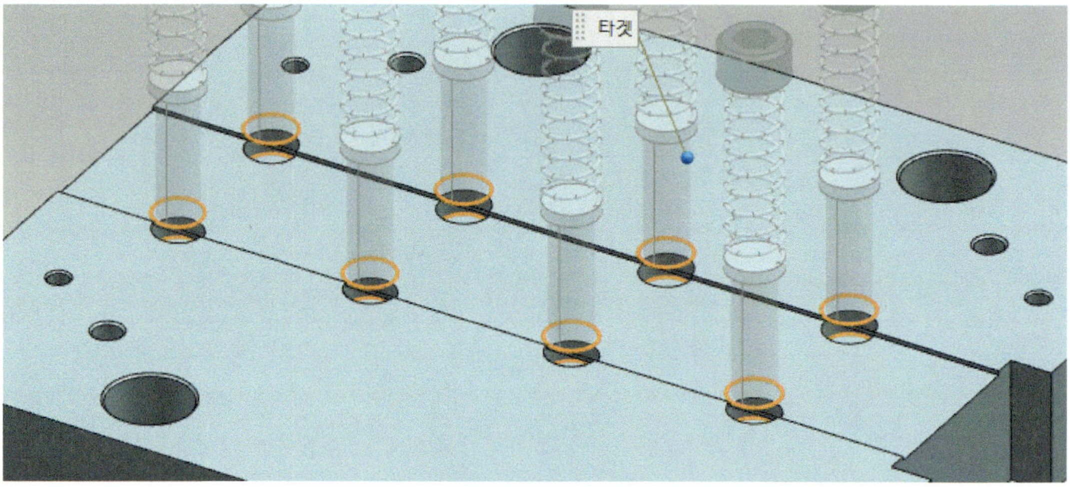

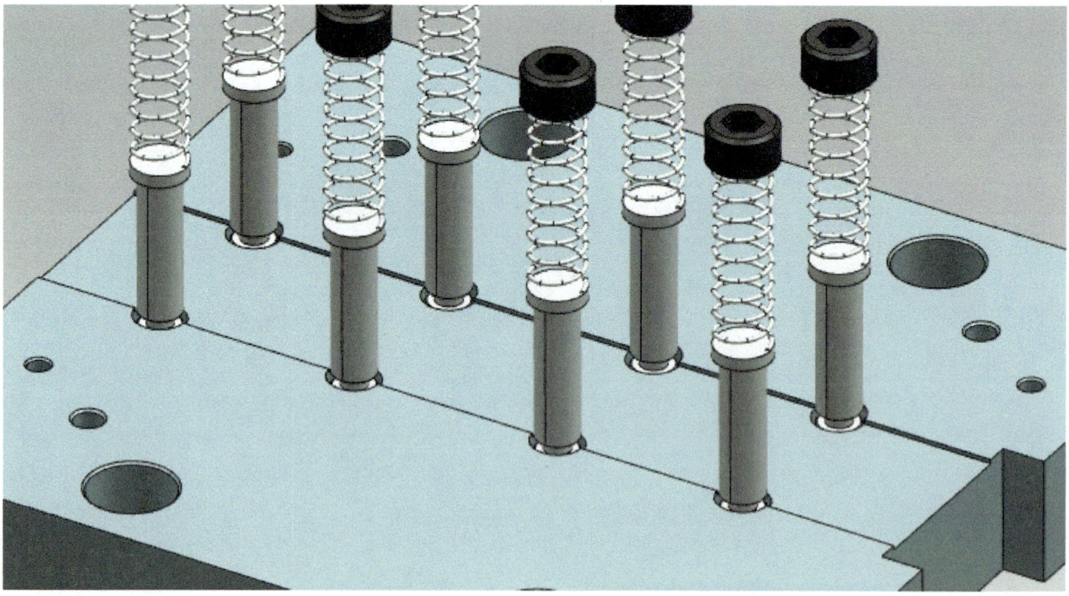

※ 다이 플레이트와 스트리퍼 플레이트에 도피구 설계가 완료된 상태

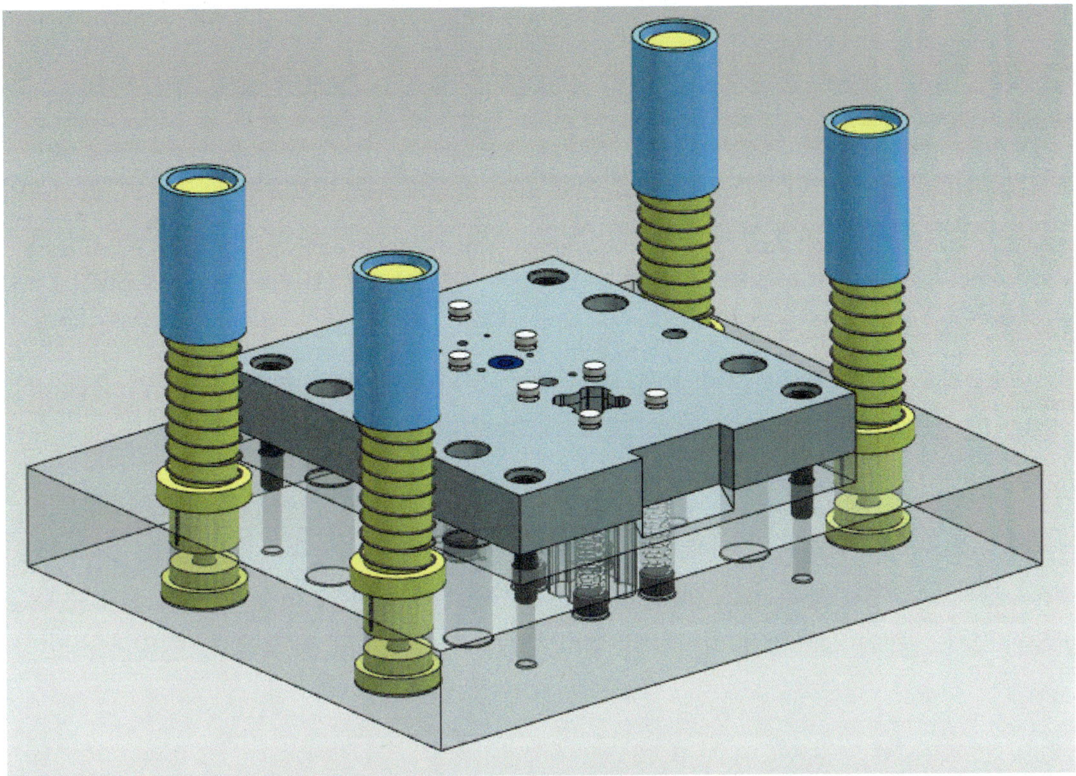

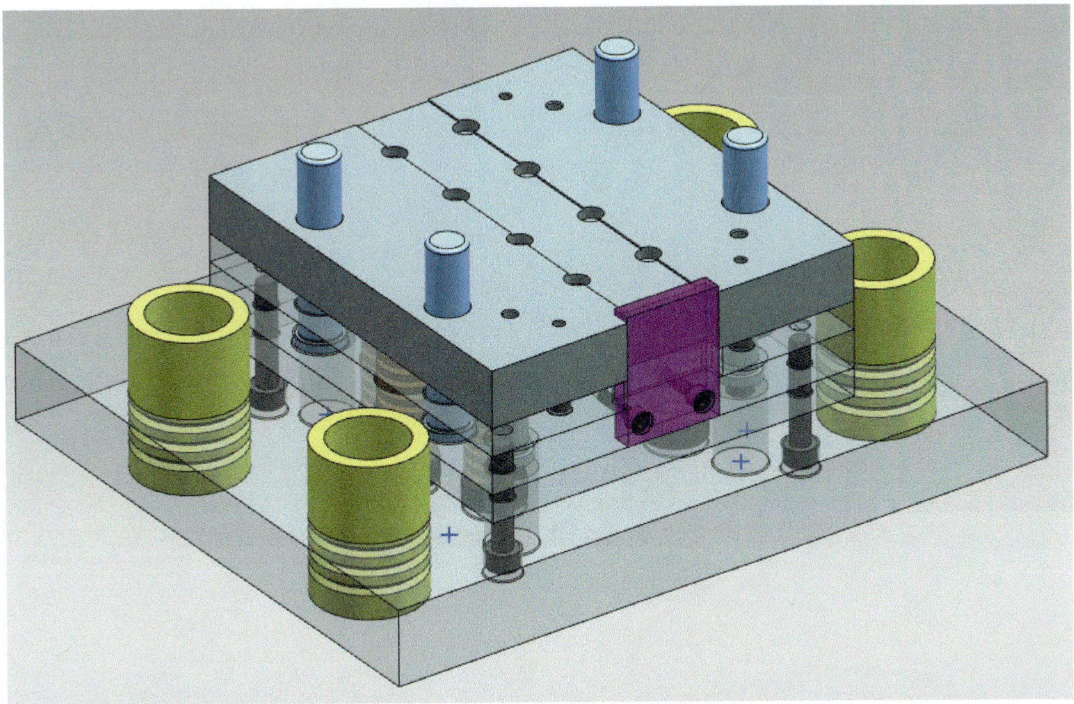

3.9 상형 플레이트 펀치 형상 설계하기

※ 상형의 펀치 플레이트, 스트리퍼 배킹 플레이트, 스트리퍼 플레이트에는 각 공정별 펀치와 파일럿 핀 형상을 만들어 주어야 한다.

※ 플레이트에 펀치와 파일럿 핀 형상을 만들 때는 공차를 적용해야 하는데, 펀치 플레이트의 경우, 편측으로 0.01 mm 크게 적용해야 하고, 스트리퍼 플레이트의 경우, 편측으로 0.005 mm 크게 적용해야 한다. 그리고 파일럿 핀의 경우, 편측으로 0.01 mm 크게 적용해야 한다. (공차는 2D 도면에 반영)

※ 작업성을 높이기 위해 상형의 플레이트류는 펀치 플레이트, 스트리퍼 배킹 플레이트, 스트리퍼 플레이트만 화면에 표시하고, 나머지는 모두 숨기기 한다.

1) 먼저 펀치 플레이트에 펀치 형상을 만들어 주기 위해 빼기 아이콘을 클릭, 타깃 바디 선택에서 '**펀치 플레이트**' 선택, 공구 바디 선택에서 '**피어싱, 버링, 블랭킹 펀치**' 선택한 다음, 펀치는 계속 사용해야 하므로 설정값 항목에서 '**툴 유지**' 체크하고, '**확인**' 클릭한다.

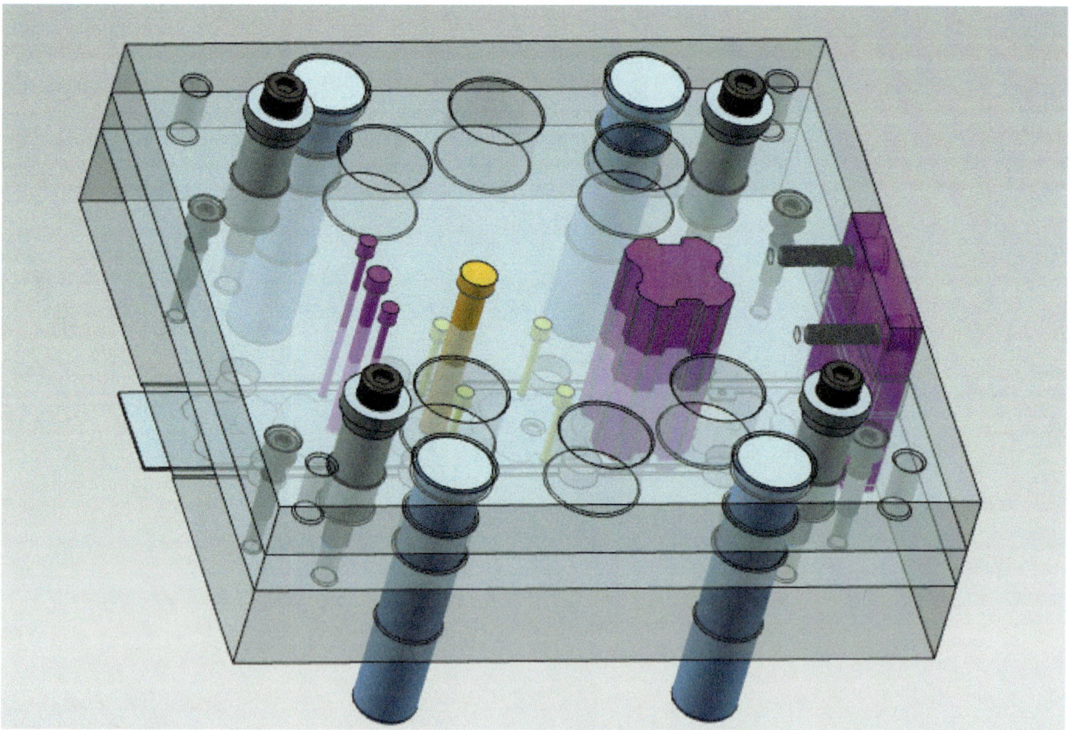

2) 다음은 스트리퍼 배킹 플레이트에 펀치 형상을 만들어 주기 위해 빼기 아이콘을 클릭, 타깃 바디 선택에서 '스트리퍼 배킹 플레이트' 선택, 공구 바디 선택에서 '피어싱, 버링, 블랭킹 펀치' 선택한 다음, 펀치는 계속 사용해야 하므로 설정값 항목에서 '툴 유지' 체크하고, '확인' 클릭한다.

※ 작업이 완료된 펀치 플레이트는 숨기기 한다.

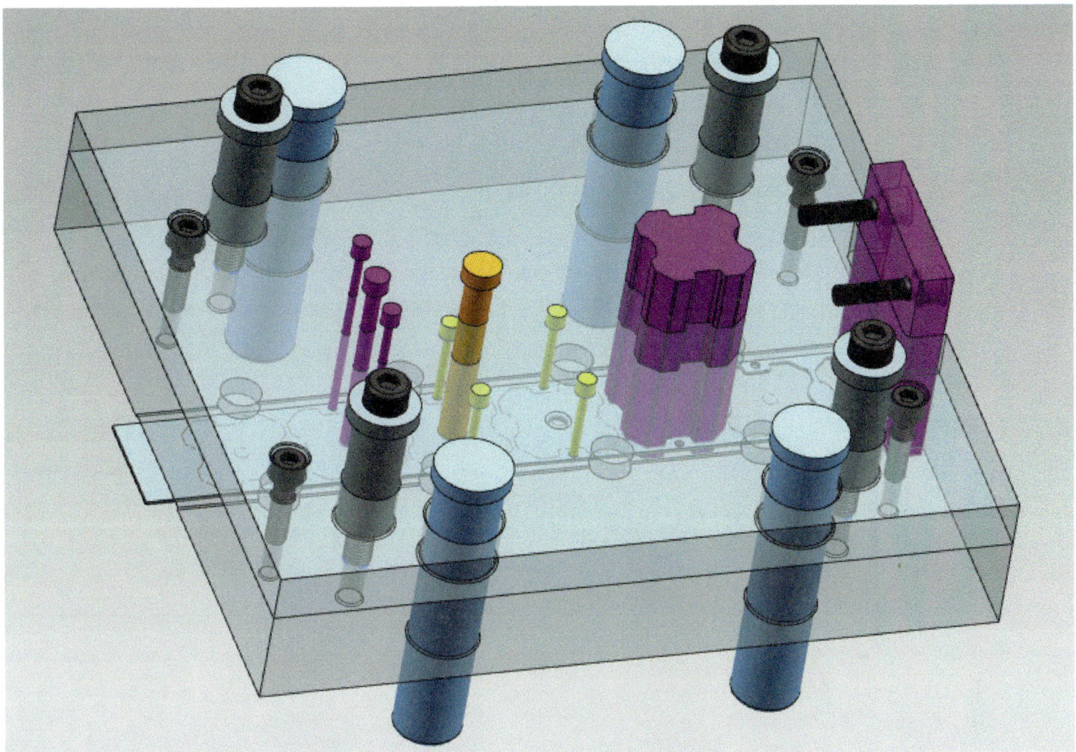

3) 다음은 스트리퍼 플레이트에 펀치와 파일럿 핀 형상을 만들어 주기 위해 빼기 아이콘을 클릭, 타깃 바디 선택에서 '스트리퍼 플레이트' 선택, 공구 바디 선택에서 '파일럿 핀, 피어싱, 버링, 블랭킹 펀치' 선택한 다음, 펀치와 파일럿 핀은 계속 사용해야 하므로 설정값 항목에서 '툴 유지' 체크하고, '확인' 클릭한다.

※ 작업이 완료된 스트리퍼 배킹 플레이트는 숨기기 한다.

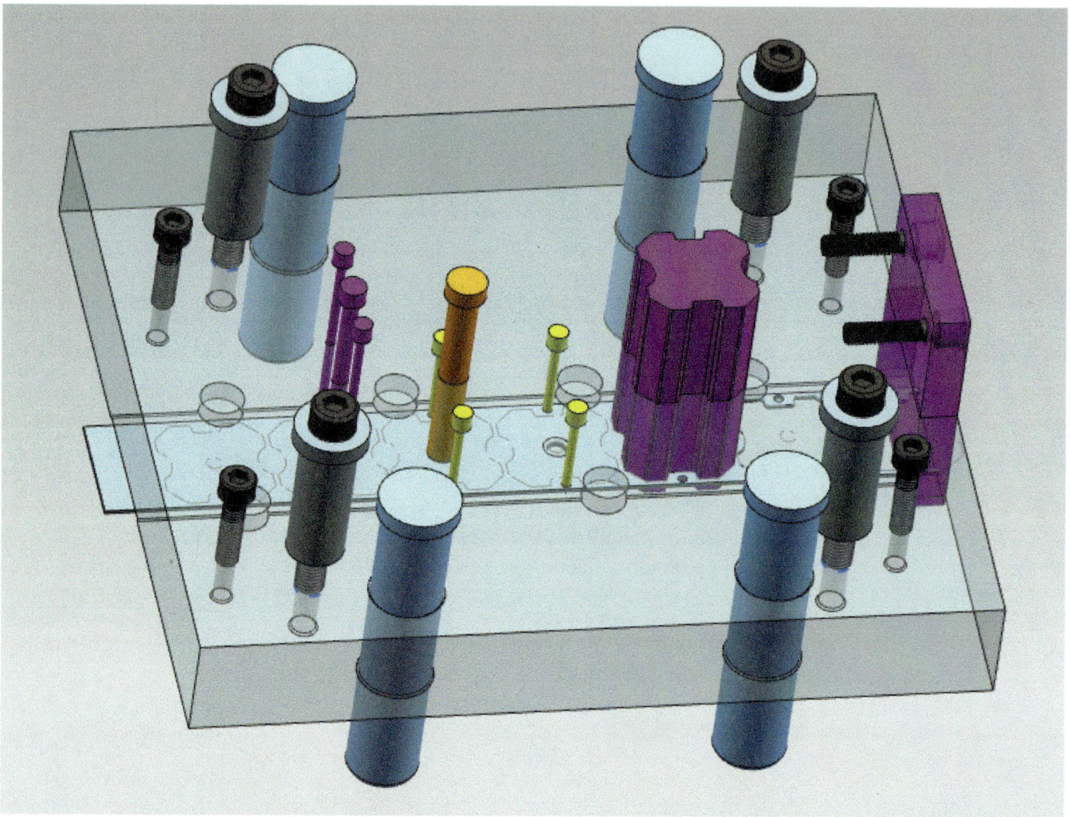

4) 다음은 스트리퍼 배킹 플레이트에 펀치 조립 시 간섭으로 받지 않도록 편측으로 1.0 mm 크게 만들어 주기 위해 옵셋 영역 아이콘을 클릭, 면 선택에서 '피어싱, 버링, 블랭킹 펀치' 형상을 선택한 다음, 옵셋의 거리값에 '1.0' 입력하고, 방향 확인한 다음, '확인' 클릭한다.

※ 화면에 스트리퍼 배킹 플레이트만 남기고 나머지는 모두 숨기기 한다.

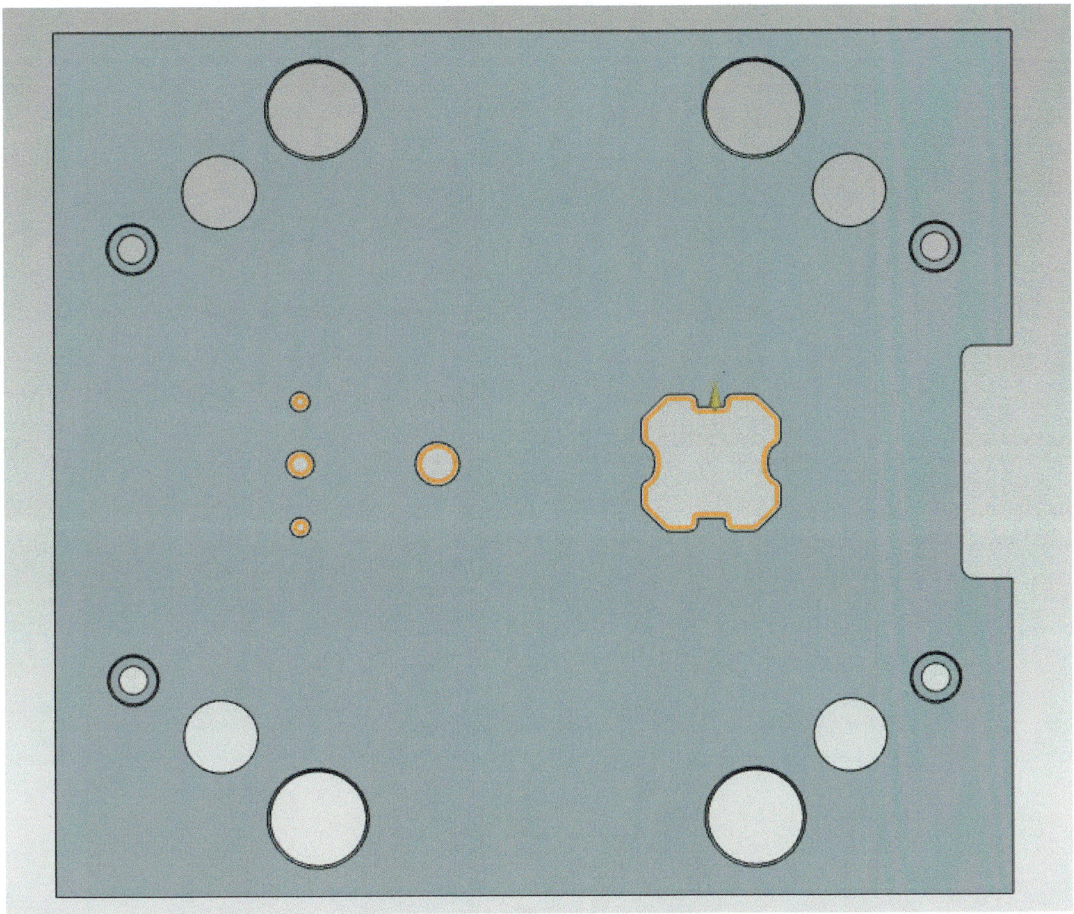

※ 상형의 플레이트에 펀치 및 파일럿 핀 형상 설계가 완료된 상태

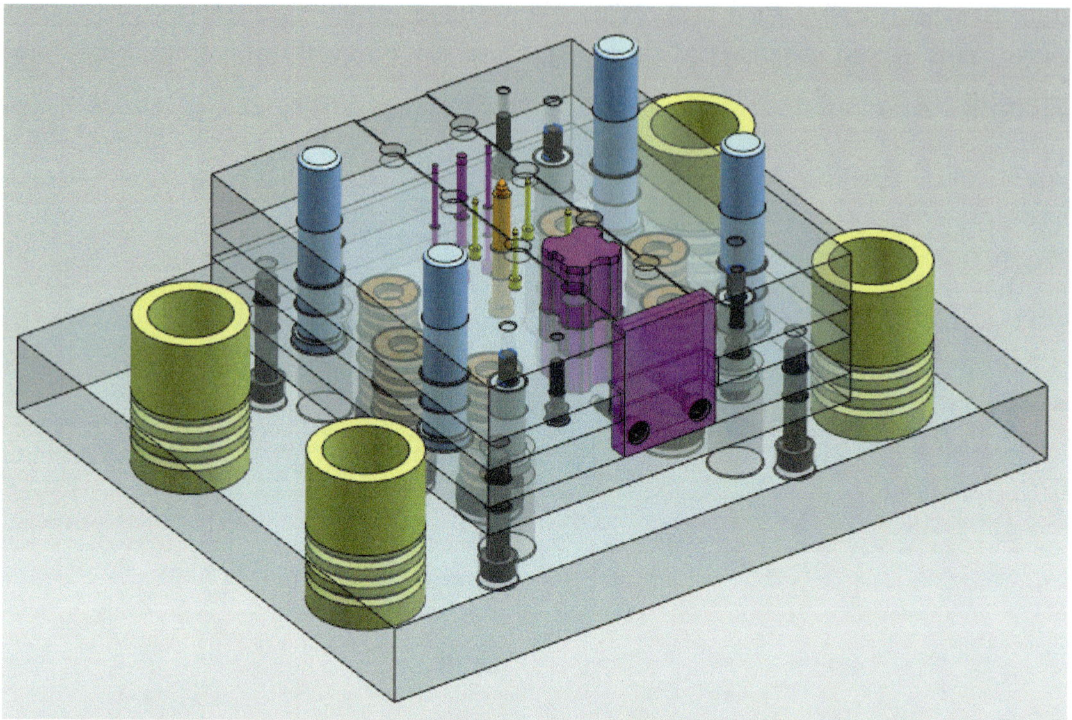

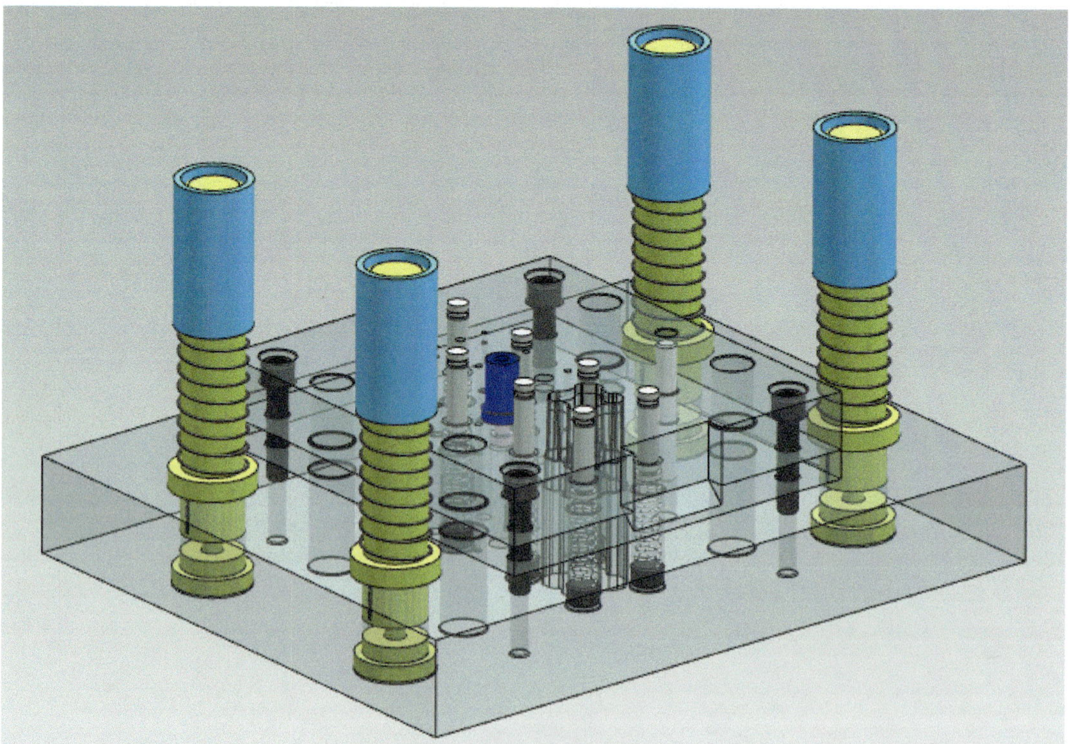

※ 상형, 하형 조립도

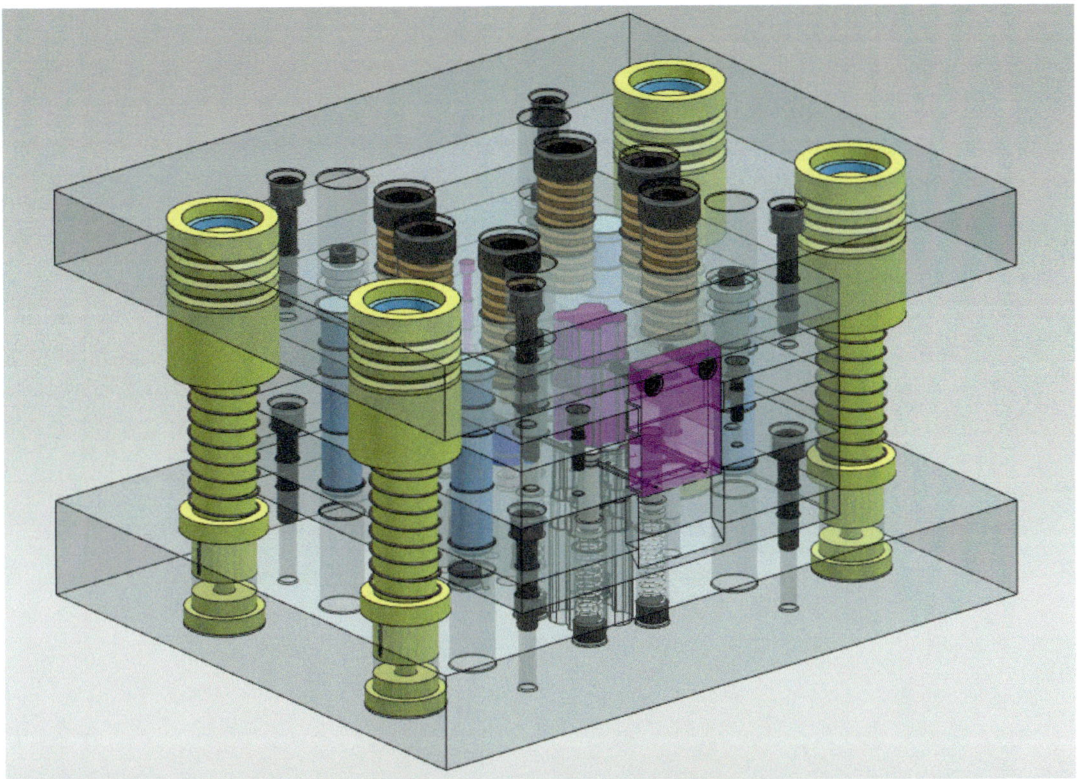

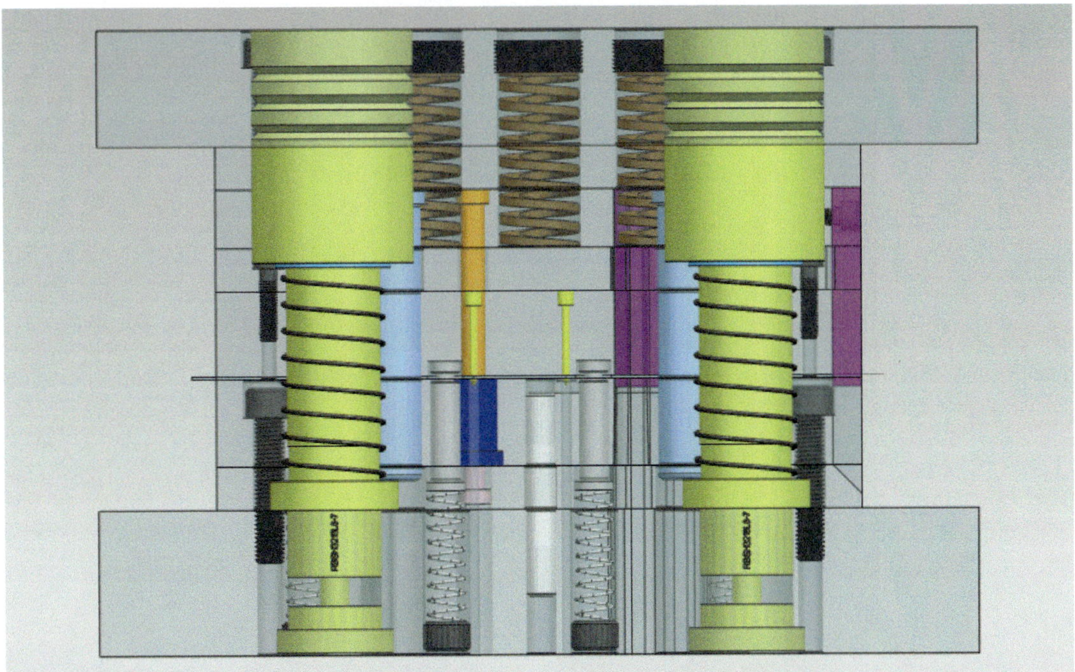

저 자 소 개

조 민 진

- 現 한국폴리텍대학 교수
- 前 LS산전 생산기술센터 과장
- 前 LG전자 MC사업본부 선임연구원
- 前 현대중공업 전기전자시스템사업본부 팀장
- 前 현대일렉트릭&에너지시스템 중저압차단기사업부 부서장

저자와의
협의에 의해
인지 생략

프레스 금형설계 실무 기초

1판 1쇄 2025년 3월 4일

저 자	조민진
발행인	송광헌
발행처	도서출판 복두(더)
주 소	서울특별시 영등포구 경인로82길 3-4 센터플러스 807호 (우) 07371
전 화	02-2164-2580
FAX	02-2164-2584
등 록	1993. 11. 22. 제 10-902 호

정가 : 12,000원

ISBN : 979-11-6675-575-0 93550

한국과학기술출판협회 회원사